Pocket Power

Karl W. Wagner
Walter Dürr

Reifegrad nach ISO/IEC 15504 (SPiCE) ermitteln

HANSER

Inhalt

Wegweiser

Definition

Tipp

Beispiel

1 Einleitung

Seit dem Ende der 80er-Jahre durchleben viele Organisationen radikale Veränderungen ihrer bis dahin gewohnten Arbeitsabläufe, diese wurde vor allem durch den gestiegenen Kostendruck, verkürzte *Time-to-Market* sowie durch die neuen Möglichkeiten der Informationstechnologien verursacht. Ein berühmtes Beispiel für ein Veränderungsprogramm ist *Business Reengineering* der frühen 90er-Jahre, welches auf eine völlige Neugestaltung ganzer Organisationsbereiche fokussiert. Zielsetzung dabei ist es, die bestehende Organisationsstruktur umzugestalten. Diesem Veränderungsgedanken liegt die Idee zugrunde, dass Kundenaufträge über eine Kette von Aktivitäten abgewickelt werden. Die hieran beteiligten Mitarbeiter sind in konventionellen, funktional strukturierten Unternehmen gewöhnlich nur für einen relativ begrenzten Aufgabenbereich verantwortlich. Das führt zu Missverständnissen, Zeitverlusten und Störungen jeglicher Art.

Um diesem Problem zu begegnen, entscheiden sich immer mehr Unternehmen, ihre Organisation von einer funktionsorientierten auf eine prozessorientierte umzustellen, d.h., ein Kundenauftrag wird nun beginnend von der Annahme des Kundenauftrags bis zur Auslieferung des Produktes/der Dienstleistung als ein „Ganzes“ gesehen, um so auch die vielen „Abteilungsgrenzen“ zu überwinden. Diese Sichtweise führt nun zu den Prozessen einer Organisation.

Diese Entwicklung von einer funktionsorientierten zu einer prozessorientierten Organisationsform gewinnt auch für klein- und mittelständische Unternehmen (KMU) immer mehr an Bedeutung, die auch die Vorteile einer Prozessorientierung erkennen. Ein weiterer Impuls für diese Organisationsform kommt auch durch den internationalen Standard für Qualitätsmanagementsysteme ISO 9001, in dessen Mittelpunkt das Modell eines prozessorientierten Qualitätsmanagementsystems steht.

Die Prozessorientierung stellt einen geeigneten Ansatz zur Überwindung der Arbeitsteilung bzw. von Abteilungsgrenzen dar und hilft, alle wertschöpfenden Tätigkeiten an den Anforderungen und Erwartungen der Kunden auszurichten. Somit ist der Prozess eine Aneinanderreihung aller Aktivitäten, die dazu erforderlich sind. Die Frage, die sich dabei stellt, lautet: Wie gut oder wie vollständig werden diese Aktivitäten erfüllt bzw. wie können diese verbessert werden?

Um diese Frage zu beantworten, muss der **Prozess bewertet** werden, da dies die Voraussetzung bildet, um den **Prozess** zu **verbessern**.

In diesem Buch wird die Vorgehensweise für eine detaillierte Bewertung von Prozessen beschrieben, welche auf einem internationalen aus der Informationstechnologie kommenden Standard, der ISO/IEC 15504, beruht. Durch die Anwendung dieses Standards und der Bewertungsmodelle entwickelt das Unternehmen einen konkreten Fahrplan zur weiteren Steigerung der Unternehmensleistung und sichert somit nachhaltig den Erfolg des Unternehmens.

Anspruch dieses Buches ist es, sowohl einem in der Bewertung von Prozessen erfahrenen Prozessmanager als auch einem Einsteiger zu diesem Thema eine detaillierte Anweisung in die Hand zu geben.

2 Prozessbewertung

Eine wichtige Aussage im Prozessmanagement ist, dass die Qualität eines Produktes/einer Dienstleistung bestimmt wird durch die Qualität der Prozesse, welche notwendig sind, um dieses Produkt/diese Dienstleistung zu entwickeln und zu erhalten.

Die Produkte unserer Zeit werden immer komplizierter, wie die folgenden Beispiele aus der Automobilindustrie zeigen:

- Peugeot 607 – enthält mehr Elektronik als die erste Airbusgeneration.
- BMW-7er-Serie – Zugang zu 700 Optionen über Bildschirmmenüs.

Die Anforderungen an die Prozesse, welche zur Produktentstehung führen, steigen somit zunehmend. Daher spielen die Eckpfeiler des Prozessmanagements (Bild 1) eine immer wichtigere Rolle.

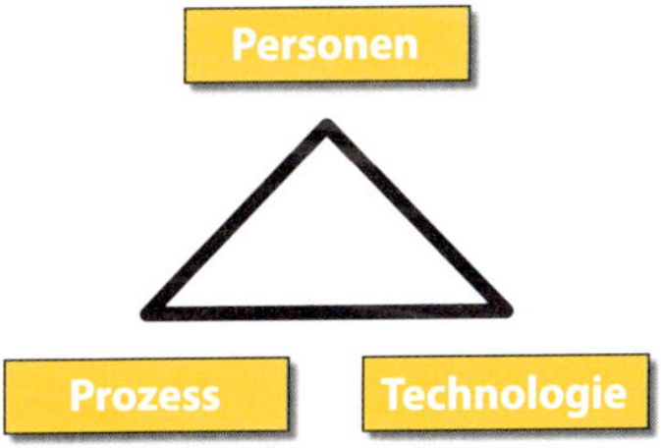

Bild 1: *Das magische Dreieck des Prozessmanagements*

2.1 Arten der Prozessbewertung

Welche Möglichkeiten gibt es nun, Prozesse zu bewerten, bzw. was bedeutet überhaupt Prozessbewertung?

Arten der Prozessbewertung, Beispiele:

- Überprüfung der Übereinstimmung mit vorgegebenen Anforderungen absolut (z.B. Zertifizierung nach ISO 9001) mittels Audit.
- Vergleich zwischen Organisationen, Organisationsranking, z.B. Punktbewertung nach dem European Quality Award, EQA mittels Assessment.
- Bewertung von ausgewählten Prozessen im Rahmen von Assessments gegenüber Prozessen eines Referenzmodells, eines **Reifegradmodells** (z.B. das aus der Informationstechnologie stammende Capability Maturity Model, CMM) mittels Prozess-Assessment.

2.2 Die Ursprünge der Reifegradmodelle

Der Erfolg des Total Quality Managements (TQM) inspirierte das Handeln in Richtung Management von Softwareprozessen. Die Ursprünge der Reifegradmodelle gehen zurück auf Prinzipien des Qualitätsmanagements, welche seit über 70 Jahren existieren.

Die Einführung und Verwendung von Reifegraden für die Bewertung von Prozessen hat ihre Wurzeln in Arbeiten amerikanischer Qualitätspioniere. Joseph M. Juran schlug dazu einen systematischen Ansatz, in Form von vier Stufen, zur Steuerung und Verbesserung von Qualität vor. Er betonte darin Qualitätsmanagement in allen Phasen des Produktlebenszyklus.

Der Grundstein zu den Modellen wurde jedoch von dem US-amerikanischen Qualitätspionier Phil Crosby gelegt. Dieser stellte in seinem Buch *Quality is free* [Crosby, P.] ein *Maturity Grid* erstmals einer breiten Öffentlichkeit vor. Anhand dieses Gitters (Tabelle 1) kann festgestellt werden, in welcher „Reifungsphase" sich eine Organisation in Bezug auf Qualität befindet.

Stufen/ Attribute	Stufe I: Unsicherheit	Stufe II: Erwachen	Stufe III: Erkenntnis	Stufe IV: Verständnis	Stufe V: Sicherheit
Qualitätsverständnis	X				
Status der Qualitätsorganisation		X			
Problembehandlung				X	
Qualitätskosten in % des Umsatzes		X			
Maßnahmen zur Qualitätsverbesserung	X				
Zusammenfassung der Qualitätseinstellung eines Unternehmens		X			

Tab. 1: *Crosbys Maturity Grid*

Das in der Tabelle 1 dargestellte Gitter stellt ein zweidimensionales Modell dar, in welchem Attribute des Qualitätsmanagements gegenüber einer stufenförmigen Entwicklung „eines Erkennens dieser" dargestellt werden.

Diese Idee wurde dann von den „Vätern" der heutigen Reifegradmodelle als Grundlage genommen. Die Anfänge der Reifegradmodelle, wie sie heute vor allem in der Informationstechnologie bekannt sind, gehen auf die 80er-Jahre zurück, wo die Abhängigkeit von Organisationen von Softwareprodukten immer größer wurde und es aufgrund von Produktmängeln zu immer mehr Frustration und Beschwerden kam. Diese Unzufriedenheit gab es vor allem im US-amerikanischen Militärbereich.

Aus diesem Grund wurden in den 80er-Jahren Initiativen vom US-amerikanischen und britischen Verteidigungsministerium gestartet, beide mit dem Ziel der Verbesserung der Vorgehensweise bei der Auswahl von Softwarelieferanten, um damit die steigenden Kosten für Risiken bzw. für mangelhafte Qualität der gelieferten Produkte zu reduzieren.

In den USA wurde dazu vom Verteidigungsministerium das Software Engineering Institute (SEI) der Carnegie Mellon University im US-Bundesstaat Pennsylvania beauftragt, ein entsprechendes Modell zur Bewertung von Softwareprozessen zu entwickeln. Das Ergebnis davon, das Reifegradmodell CMM (*Capability **M**aturity **M**odel*), ist Geschichte.

Das Ergebnis der britischen Studie war das Projekt SPiCE (***S**oftware **P**rocess **I**mprovement and **C**apability d**E**termination*), dessen Ergebnisse „eine Vorgehensweise zur Durchführung von Prozess-Assessments sowie ein exemplarisches Prozess-Assessment-Modell" im internationalen Standard ISO/IEC 15504 dokumentieren und den Kern für dieses Buch bilden.

Die verschiedenen Arten der Prozessbewertung unterscheiden sich durch die Art der Kriterien, die zur Bewertung herangezogen werden. Die auf dem Reifegradmodell CMMI (*Capability Maturity Model Integrated, Nachfolgemodell von CMM*) bzw. auf dem Fähigkeitsstufenmodell SPiCE (definiert im Standard ISO/IEC 15504) beruhende Prozessbewertung in Form eines **Prozess-Assessments** verwendet Kriterien, die die Anwendung und Ausgestaltung von Prozessen überprüfen. Hintergrund dieser Kriterien ist eine **Idealvorstellung von Prozessen**, wie sie in den Modellen vorkommen. Mit diesen Kriterien überprüft man die Abweichungen von den Idealvorstellungen.

Prozess-Assessment

Ein **Prozess-Assessment** ist eine systematische Messung eines oder mehrerer Prozesse zur Bestimmung ihrer Reifegrade/Fähigkeitsstufen anhand eines standardisierten Prozessmodells und bildet den Ausgangspunkt für Initiativen der Prozessverbesserung.

2.3 Wozu Prozess-Assessments?

“If you don’t know where you are, a map won’t help.”

Dieser Satz des US-Amerikaners Watts S. Humphrey, der als der geistige Vater des Reifegradmodells CMM gilt, wird oft und gerne zitiert, um klarzustellen, dass man zuerst eine „Standortbestimmung“ seiner Prozesse durchführen sollte, bevor man weitere Schritte wie z.B. ein Projekt zur Prozessverbesserung starten kann. Folgende Aspekte sprechen für eine Prozessbewertungen in Form eines Prozess-Assessments:

- Grundlage für Prozessverbesserung,
- um über Prozesse und „Best Practices" zu lernen,
- Messung der Prozessfähigkeit, Prozessreife von Prozessen,
- internes und externes Benchmarking,
- Kundenforderung – ein Kunde verlangt in einer Ausschreibung einen definierten Reifegrad der Prozesse des Lieferanten (dies ist mittlerweile gelebte Praxis in der Militärindustrie, dieser Trend kommt aber auch immer mehr in der Automobilindustrie),
- Grundlage, um eigene Risiken oder die von Lieferanten gezielt zu bewerten.

Bild 2 veranschaulicht den Zusammenhang zwischen Prozess-Assessment, den Prozessen, der Leistungsfeststellung und der Prozessverbesserung.

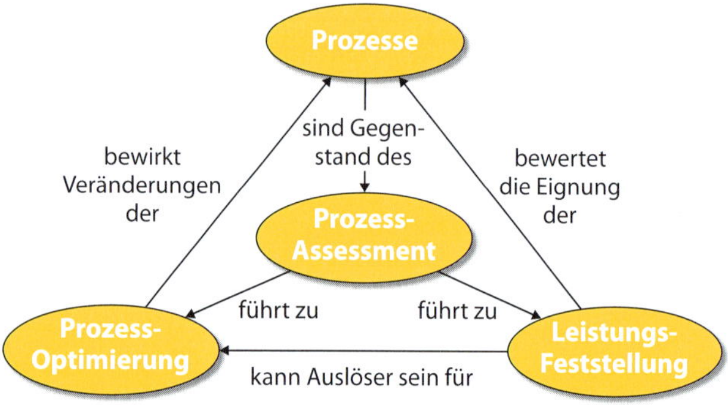

Bild 2: *Prozess-Assessment im Mittelpunkt*

2.4 Die Bedeutung der Reifegrade

Crosbys Idee der verschiedenen Reifegradstufen einer Organisation in Bezug auf Qualitätsmanagement in seinem *Maturity Grid* wurde von den Entwicklern der Reifegradmodelle aufgenommen. Die Bedeutung dieser Stufen wird in Bild 3 deutlich, welches die „Sichtbarkeit" (*visibility*) in die Prozesse darstellt, d.h., das „Innenleben" des Prozesses kommt umso deutlicher zum Vorschein, je höher der Reifegrad ist. Jede Reifegradstufe erhöht die *visibility* in den Prozess sowohl für Manager als auch für die Mitarbeiter [Paulk, M.].

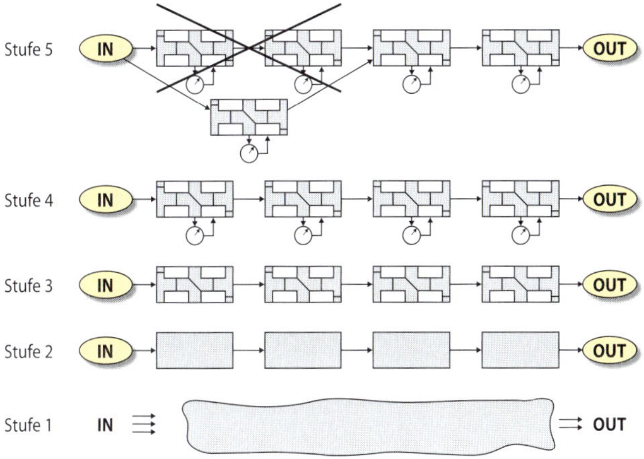

Bild 3: *Sichtbarkeit in die (Sub-)Prozesse*

Die Inhalte der in Bild 3 dargestellten Stufen werden dazu wie folgt interpretiert:

Stufe 1 – der Prozess ist eine amorphe Einheit – eine Blackbox – die *visibility* in die Subprozesse ist praktisch nicht vorhanden. Das Prozessergebnis (Out) wird nur durch den unermüdlichen Einsatz der „working heroes" erreicht!

Stufe 2 – Kundenanforderungen und Arbeitsprodukte (z. B. Dokumente) sind kontrolliert, grundlegende Projektmanagementpraktiken (für das Management des Prozesses) sind etabliert. Die einzelnen Subprozesse werden zwar noch in Form einer Blackbox dargestellt, aber es gibt eine definierte *visibility* an den Übergangspunkten (z. B. in Form von Meilensteinen).

Stufe 3 – die interne Struktur der „Boxen", d. h. die Aktivitäten in einem (Sub-)Prozess, der z. B. im Rahmen eines Projektes angewendet wird, ist nun sichtbar. Manager und Mitarbeiter verstehen nun ihre Rollen und Aktivitäten. Prozesse auf dieser Stufe sind organisationsweit standardisiert. Weiterhin gibt es erste Prozessmessungen.

Stufe 4 – die nun standardisierten Prozesse werden quantitativ gesteuert und die Ziele für die Prozesse stehen in Zusammenhang mit den strategischen Zielen der Organisation.

Stufe 5 – neue und verbesserte Wege zur proaktiven Prozessverbesserung erfolgen in einer kontinuierlichen und kontrollierten Art. Manager sind nun in der Lage, Änderungen abzuschätzen und quantitativ zu verfolgen.

3 Das Modell SPiCE

Nachfolgend wird das *Capability Model* (Fähigkeitsstufenmodell) **SPiCE** (dokumentiert im Standard ISO/IEC 15504), welches zur Bewertung der Prozessfähigkeit (*process capability*) dient und vor allem im IT-Bereich sehr bekannt ist, detailliert vorgestellt und im Anschluss daran wird die Anwendung dieses Modells im Rahmen von Prozess-Assessments beschrieben.

3.1 Die Struktur der ISO/IEC 15504

Bild 4 zeigt die Struktur des Standards ISO/IEC 15504, der in seiner neuen Fassung nur mehr aus fünf Teilen besteht, gegenüber der Vorgängerversion aus dem Jahre 1998, welche aus neun Teilen bestand.

Diese fünf Teile beinhalten:

Teil 1 (informativ) – bildet den Einstiegspunkt in den Standard. Er beschreibt, wie die einzelnen Teile zusammengehören. Darin werden die Anforderungen der ISO/IEC 15504, ihre Anwendbarkeit für die Durchführung von Assessments und Begriffe beschrieben.

Teil 2 (normativ) – beinhaltet Anforderungen zur Durchführung von Prozess-Assessments, das Messrahmenwerk (*measurement framework*) zur Bewertung der Prozessfähigkeit (*process capability*) sowie Anforderungen an Prozess-Referenz- bzw. Prozess-Assessment-Modelle.

Teil 3 (informativ) – stellt eine Richtlinie für die Durchführung von Assessments basierend auf den im Teil 2 be-

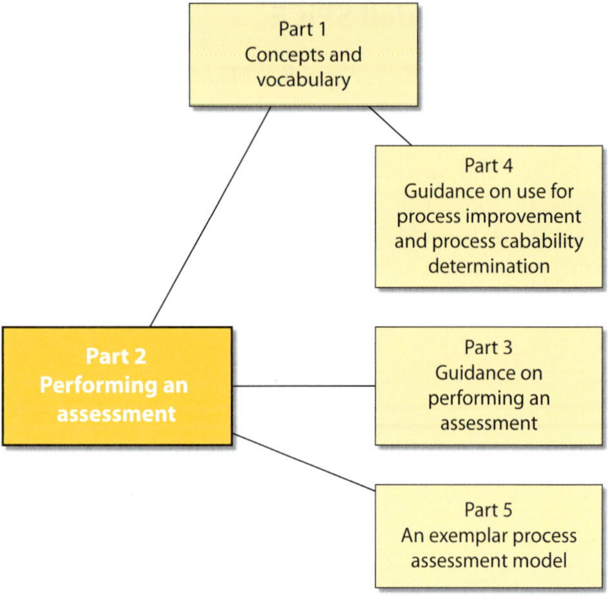

Bild 4: *Die Struktur des Standards ISO/IEC 15504*

schriebenen Anforderungen zur Verfügung. Dieser Teil beschreibt:

- die Anwendung der Anforderungen (beschrieben im Teil 2) zur Durchführung von Prozess-Assessments,
- detailliert das Messrahmenwerk (*measurement framework*),
- die Anforderungen zur Entwicklung von Prozess-Referenz-Modellen und Prozess-Assessment-Modellen,
- Anforderungen an Tools zur rechnergestützten Durchführung von Assessments,
- Anforderungsprofil an Assessoren.

Teil 4 (informativ) – stellt eine Richtlinie zur Anwendung von Prozess-Assessments für den Zweck der Prozessverbesserung und der Prozessfähigkeitsbestimmung zur Verfügung. Diese Richtlinie setzt keine bestimmte Organisationsform, Managementphilosophien, Lebenszyklusmodelle oder Entwicklungsmethoden voraus.

Teil 5 (informativ) – stellt ein Beispiel eines Prozess-Assessment-Modells für die Durchführung von Prozess-Assessments zur Verfügung. Die Prozesse dieses Modells wurden dem Standard ISO/IEC 12207 entlehnt. Im Weiteren enthält dieser Teil die generischen Praktiken, welche in einem Prozess-Assessment für die Bewertung der höheren Fähigkeitsstufen Bedeutung haben.

3.2 Die zwei Dimensionen des Modells

Ein wesentliches Charakteristikum der Reifegradmodelle ist, dass es sich um zweidimensionale Modelle handelt:

- In der einen Dimension, der Prozessdimension (*process dimension*), werden Prozesse eines Referenzmodells dargestellt, welche nach Prozesskategorien gegliedert sind.
- In der anderen Dimension, der Fähigkeitsdimension (*capability dimension*), sind Prozessattribute (*process attributes*) definiert und diese sind Fähigkeitsstufen (*Capability Levels*) zugeordnet.

Bild 5 zeigt die zwei Dimensionen des Modells. Auf der x-Achse sind die Prozesse (P1 … Pn) dargestellt, die man bewertet (gegen die Prozesse des Prozess-Referenz-Modells) – in dieser Dimension wird angegeben, „was man macht".

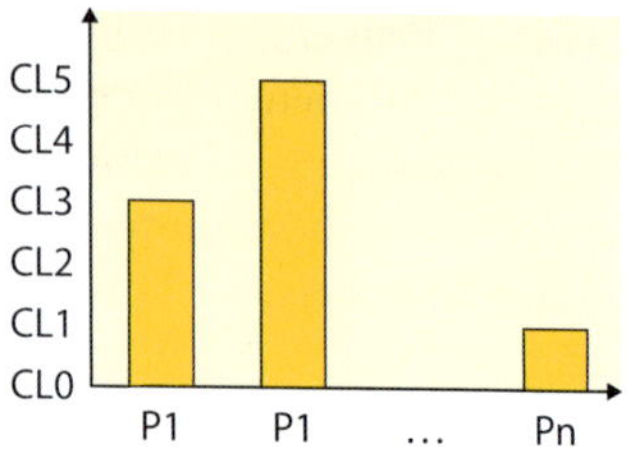

Bild 5: *Die zwei Dimensionen des Modells*

Die Werte auf der y-Achse beschreiben, „wie gut man es macht", d.h., wie „gut" man einen Prozess durchführt, dieses Werte geben die Fähigkeitsstufen an (von Capability Level CL0 bis Capability Level CL6).

3.3 Das Prozess-Referenz-Modell (PRM)

3.3.1 Modell zur Bewertung

WORUM GEHT ES?

Um Prozesse eines Unternehmens (im Weiteren Organisation genannt) im Rahmen von Prozess-Assessments bewerten zu können, benötigt man ein Referenzmodell, welches ein Set von Prozessen enthält (gegliedert nach Prozesskategorien), gegen die man Prozesse der eigenen Organisation (oder der von Lieferanten) bewerten kann – dieses wird als Prozess-Referenz-Modell (PRM) bezeichnet.

WAS HEISST DAS?

Die Vielzahl an Branchen (z.B. Automobil, Elektronik, Pharma etc.) führt zu einer Vielzahl von verschiedensten Prozessen, welche man nur mit branchenspezifischen Prozessmodellen bewerten kann. Das heißt, man braucht Prozess-Referenz-Modelle, welche Prozesse z. B. für das Gebiet des Systems Engineering (Hardware und Software) für die Automobilindustrie enthalten, gegen welche man ausgewählte Prozesse von Unternehmen der Automobilindustrie bewerten kann.

Die Frage, die sich dabei ergibt, lautet: Wie kommt man zu einem entsprechenden Prozess-Referenz-Modell?

Zurzeit gibt es leider nur eine beschränkte Anzahl solcher Modelle, z. B. für den Softwarebereich (dokumentiert im Standard ISO/IEC 12207) oder für den Bereich der Hard- ware- und Softwareentwicklung im Automobilbereich (dokumentiert in Automotive SPiCE). Die Anzahl der Modelle ist jedoch im Wachsen begriffen.

Je nach dem gewählten Bereich (der Branche), in welchem ein Prozess-Assessment stattfinden soll, ist ein entsprechendes Prozess-Referenz-Modell, soweit vorhanden, auszuwählen, welches Prozesse beinhaltet, gegen die die zu bewertenden Prozesse einer Organisation bewertet werden.

3.3.2 Die Prozessdimension des PRM

WORUM GEHT ES?

Die Prozesse, welche ein Prozess-Referenz-Modell beinhaltet, sind in einer bestimmten Form zu beschreiben. Dies geschieht jedoch nicht in Form von detaillierten Prozessbeschreibungen oder von grafischen Prozessabläufen, sondern die Prozesse in diesen Modellen sind durch gewisse Charakteristiken beschrieben.

WAS HEISST DAS?

In der **Prozessdimension** ist jeder Prozess des Prozess-Referenz-Modells durch

- seinen **Zweck** (***purpose***) und
- seine **Ergebnisse** (***outcomes***)

beschrieben.

Diese geben messbare Kriterien für die Prozessdurchführung an.

Der **Zweck** des Prozesses ist ein Statement, welches beschreibt, warum dieser Prozess existiert, d. h., welchen Nutzen hat dieser.

Ein (Prozess-)**Ergebnis** ist ein wahrnehmbares Ergebnis einer erfolgreichen Implementierung des Prozesses („messbare" Aussage, welche das Erreichen des Prozesszwecks beschreibt). Prozessergebnisse werden normalerweise als beschreibende Sachdarstellungen in der folgenden Form formuliert:

- als Produktion eines Artefakts (ein Artefakt ist z. B. ein Dokument, welches durch eine Aktivität im Prozessablauf entsteht oder verändert wird),
- als signifikante Änderung des Zustandes,
- Erfüllen von Spezifiziertem – z. B. Anforderungen, Ziele etc.

Die beschriebenen Prozessergebnisse sind notwendig und müssen ausreichen, damit der Prozess seinen Zweck erfüllt.

Tabelle 2 zeigt ein Beispiel für die Beschreibung des Prozesses „Qualitätssicherung" der Prozessdimension eines Prozess-Referenz-Modells. Diese basiert auf einem Prozess des Prozess-Referenz-Modells, welches im Anhang des Standards ISO/IEC 12207 dargelegt ist.

Prozessname (*process name*)	**Qualitätssicherung**
Prozesszweck (*process purpose*)	Der **Zweck** des Qualitätssicherungsprozesses ist, sicherzustellen, dass die Arbeitsprodukte und die Prozesse den Vorschriften und Plänen entsprechen.
Prozessergebnisse (*process outcomes*)	Die Ergebnisse einer erfolgreichen Implementierung sind: 1. Eine Strategie für die Durchführung der Qualitätssicherung ist entwickelt. 2. Nachweise für die Qualitätssicherung werden erstellt und instand gehalten. 3. Probleme und/oder Nichtkonformitäten in Bezug auf vereinbarte Anforderungen sind identifiziert und werden aufgezeichnet. 4. Das Einhalten von Standards für Prozesse, Produkte und Aktivitäten ist verifiziert.

Tab. 2: *Zweck und Ergebnisse des Prozesses Qualitätssicherung*

Ein auf diesen Anforderungen basierendes Prozess-Referenz-Modell stellt somit nur eine Dimension, und zwar die Prozessdimension zur Verfügung.

3.4 Das Messrahmenwerk

3.4.1 Die Fähigkeitsstufen

WORUM GEHT ES?

Die zweite Dimension (des Modells in Bild 5), die Fähigkeitsdimension (*capability dimension*) beinhaltet die Fähigkeitsstufen (*Capability Levels*), welche angeben, wie **gut** man einen Prozess (bzw. Prozesse) durchführt. Diese sind im Standard ISO/IEC 15504-2 definiert.

WAS HEISST DAS?

Fähigkeitsstufe (***Capability Level, CL***)

Eine Fähigkeitsstufe ist ein wohldefiniertes evolutionäres Plateau, welches die Fähigkeit eines Prozesses beschreibt. Fähigkeitsstufen bauen aufeinander auf, d.h., eine höhere Stufe setzt die vollständige Erreichung der niedrigeren Stufen voraus (d.h., die Fähigkeitsstufen sind kumulativ).

Die im Teil 2 des Standards beschriebenen Fähigkeitsstufen charakterisieren die Leistungsfähigkeit von Prozessen. Dabei haben die einzelnen Stufen die folgende Bedeutung:

Stufe 0: unvollständiger Prozess (*incomplete process*)
Der Prozess ist nicht implementiert, es fehlt am Prinzipiellen, um den Zweck des Prozesses zu erreichen. Es gibt nur wenige bis gar keine identifizierbaren Nachweise über das Erreichen des Prozesszwecks.

Stufe 1: durchgeführter Prozess (*performed process*)
Der Zweck des Prozesses wird erreicht. Es gibt identifizierbare Dokumente von Prozessergebnissen und diese zeugen vom Erreichen des Prozesszwecks.

Stufe 2: geführter Prozess (*managed process*)
Der zuvor beschriebene *performed process* ist nun in einer geführten Version implementiert (wird geplant, überwacht und angepasst) und seine Arbeitsprodukte (d.h. Prozess-Outputs, z.B. ein Plan) werden geeignet erstellt, gesteuert und aufrechterhalten.

Stufe 3: etablierter Prozess (*established process*)
Der zuvor beschriebene *managed process* ist nun implementiert, und zwar durch Benutzung eines definierten Prozesses, welcher auf einem Standardprozess basiert und der fähig ist, die Prozessergebnisse zu erreichen.

Stufe 4: vorhersagbarer Prozess (*predictable process*)
Der zuvor beschriebene *established process* ist nun implementiert und operiert innerhalb definierter Grenzen, um seine Prozessergebnisse zu erreichen.

Stufe 5: optimierender Prozess (*optimizing process*)
Der zuvor beschriebene *predictable process* wird nun kontinuierlich verbessert, um relevante bzw. zukünftige Geschäftsziele zu erreichen.

Den Fähigkeitsstufen eins bis fünf (CL1 bis CL5) sind neun Prozessattribute (*Process Attributes, PA*) zugeordnet. Der Stufe eins ist ein Prozessattribut, den Stufen zwei bis fünf sind je zwei Prozessattribute zugeordnet.

Prozessattribut (*Process Attribute, PA*)
Ein Prozessattribut ist eine messbare Charakteristik der Prozessfähigkeit, anwendbar auf jeden Prozess.

Die Prozessattribute beinhalten im Prinzip wichtige Aspekte des Prozessmanagements und dienen dazu, die Fähigkeitsstufen weiter zu unterteilen bzw. genauer zu beschreiben.

Bild 6 zeigt die sechs Fähigkeitsstufen und die diesen zugeordneten neun Prozessattribute in Form einer *Capability Ladder*.

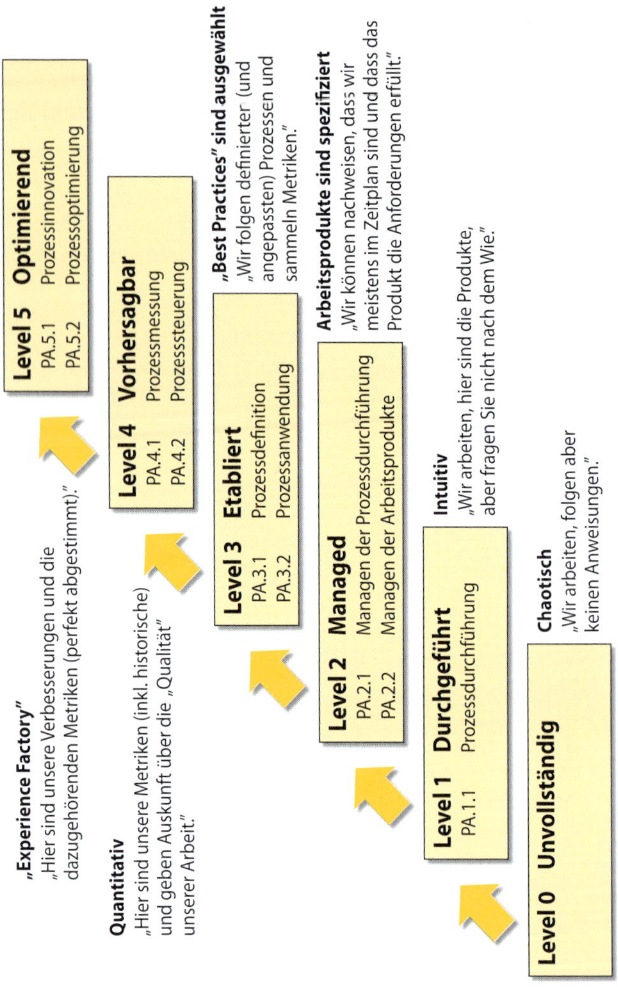

Bild 6: *Die Fähigkeitsstufen mit ihren Prozessattributen*

3.4.2 Bewertung der Prozessattribute

WORUM GEHT ES?

Um die Prozessattribute bewerten zu können, wurde eine 4-Punkte-Skala entwickelt.

WAS FORDERT DER STANDARD?

Tabelle 3 gibt die Prozentsätze an, die zu der Vergabe der NPLF-Bewertung führen, welche die Grundlage zur Bewertung der Prozessattribute bildet – definiert im normativen Teil des Standards ISO/IEC 15504-2.

N	Nicht erreicht (**N**ot achieved)	0–15 %	Es gibt keinen Nachweis für die Erreichung eines definierten Prozessattributes.
P	Teilweise erreicht (**P**artially achieved)	16–50 %	Es gibt einen Teilnachweis für die Erreichung eines definierten Prozessattributes.
L	Großteils erreicht (**L**argely achieved)	51–85 %	Es gibt einen signifikanten Nachweis für die Erreichung eines definierten Prozessattributes.
F	Vollständig erreicht (**F**ully achieved)	86–100 %	Es gibt einen vollständigen Nachweis für die Erreichung eines definierten Prozessattributes.

Tab. 3: *Die Bewertungsskala (NPLF-Skala)*

WAS HEISST DAS?

Auch die Entwicklung dieser Skala durchlief mehrere Phasen. Eine kontinuierliche Skala (0–100 %) wurde nicht weiter verfolgt, da anhand dieser die Bewertung der Prozessattribute durch die Assessoren nicht so exakt sein kann, dass die Ergebnisse zuverlässig und wiederholbar sind. Genauso wurde aufgrund der Unschärfe eine binäre Skala (erreicht/nicht erreicht) verworfen. Danach wurde eine 6-Punkte-Skala definiert: von *very poor* bis *excellence.* Doch auch diese wurde verworfen, da man zur Überzeugung kam, dass man sich über eine *excellence*-Bewertung, welche nach *very good* kommt, nicht einigen wird können. Somit wurde letztendlich die in Tabelle 3 dargestellte 4-Punkte-Skala gewählt. Es wurde auch deshalb zu einer Skala mit gerader Punkteanzahl gegriffen, da man bei ungeradzahligen Skalen (z. B. 5-Punkte-Skala) sehr oft dazu neigt, die „Mitte“ (hier 3) zu nehmen, anstatt sich für eine höhere Bewertung (4, 5) bzw. für eine niedrigere Bewertung (1, 2) zu entscheiden.

Die Prozentangabe, wie in Tabelle 3 angegeben, dient in erster Linie der Orientierung, in welchem Bereich die Bewertungen anzusiedeln sind. Vollständig erreicht (***F****ully achieved*) bedeutet also nicht, dass ein Prozessattribut zu 100 % erreicht werden muss, sondern es reicht dazu ein „nahezu“ erreicht (**F:** 86 – 100 %).

Prozessattribute gemäß dieser 4-Punkte-Skala (NPLF-Skala) richtig zu bewerten zählt sicher zu den schwierigsten Aufgaben im Assessment.

3.4.3 Die Bewertungsregeln

WORUM GEHT ES?

Um eine Aussage über die erreichte Prozessfähigkeit für einen Prozess treffen zu können, wurden Bewertungsregeln für die den Fähigkeitsstufen zugrunde liegenden Prozessattribute erstellt.

WAS FORDERT DER STANDARD?

Tabelle 4 gibt an, welche Bewertung (*Rating*) die einzelnen Prozessattribute aufweisen müssen, damit eine bestimmte Fähigkeitsstufe als erreicht (*achieved*) gilt. Diese ist im normativen Teil des Standards ISO/IEC 15504-2 enthalten.

Capability Level	Prozessattribut	Bewertung
CL1	PA1.1 Prozessdurchführung	L oder F
CL2	PA1.1 Prozessdurchführung	F
	PA2.1 Prozessplanung	L oder F
	PA2.2 Resultate/Arbeitsprodukte	L oder F
CL3	PA1.1 Prozessdurchführung	F
	PA2.1 Prozessplanung	F
	PA2.2 Resultate/Arbeitsprodukte	F
	PA3.1 Prozessdefinition	L oder F
	PA3.2 Prozessentwicklung	L oder F
CL4	PA1.1 Prozessdurchführung	F
	PA2.1 Prozessplanung	F
	PA2.2 Resultate/Arbeitsprodukte	F
	PA3.1 Prozessdefinition	F
	PA3.2 Prozessentwicklung	F
	PA4.1 Prozessmessung	L oder F
	PA4.2 Prozesssteuerung	L oder F
CL5	PA1.1 Prozessdurchführung	F
	PA2.1 Prozessplanung	F
	PA2.2 Resultate/Arbeitsprodukte	F
	PA3.1 Prozessdefinition	F
	PA3.2 Prozessentwicklung	F
	PA4.1 Prozessmessung	F
	PA4.2 Prozesssteuerung	F
	PA5.1 Prozessinnovation	L oder F
	PA5.2 Prozessoptimierung	L oder F

Tab. 4: *Die Bewertungsregeln für die Erreichung der Fähigkeitsstufen*

Wie aus Tabelle 4 ersichtlich, müssen, um eine Fähigkeitsstufe „X“ zu erreichen, *alle Prozessattribute* der darunter liegenden Stufen „Vollständig erreicht (**F**)“, sowie die Attribute der Stufe „X“ „Großteils (**L**) oder Vollständig erreicht (**F**)“ sein.

3.5 Das Prozess-Assessment-Modell (PAM)

WORUM GEHT ES?

Das **Prozess-Referenz-Modell** in Kombination mit dem Messrahmenwerk kann als Basis für die Durchführung von zuverlässigen und konsistenten Prozess-Assessments zur Ermittlung der Prozessfähigkeit nicht herangezogen werden, da der Grad der Detailliertheit nicht ausreichend ist. Die Beschreibung des **Prozesszwecks** und der **Prozessergebnisse** der Prozesse des Prozess-Referenz-Modells und die Definitionen der **Prozessattribute** benötigen Unterstützung durch einen umfassenden **Satz von Indikatoren** zur Prozessdurchführung und Prozessfähigkeit. Aus diesem Grund muss das Prozess-Referenz-Modell erweitert werden.

WAS HEISST DAS?

Das Prozess-Referenz-Modell, welches die Prozessdimension repräsentiert, und das Messrahmenwerk, welches die Fähigkeitsdimension des zweidimensionalen Modells repräsentiert, wird nun um Indikatoren erweitert. Somit entsteht das sogenannte Prozess-Assessment-Modell (PAM). Dieser Zusammenhang ist in Bild 7 dargestellt.

Um die Wiederholbarkeit, Zuverlässigkeit und Übereinstimmung von Prozess-Assessments zu gewährleisten, muss sehr auf den Nachweis der Bewertung der Prozessfähigkeit

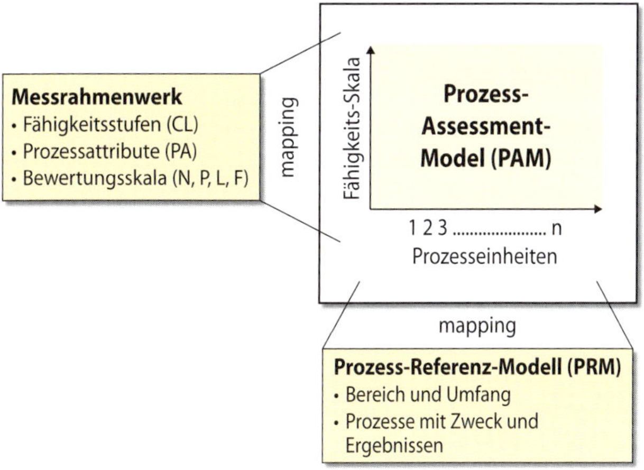

Bild 7: *Zusammenhang PRM und PAM*

geachtet werden. Dies wird unterstützt in der Form von Indikatoren zur Prozessdurchführung und Prozessfähigkeit. Ein komplettes Prozess-Assessment-Modell für die Durchführung eines Prozess-Assessments hat diese Indikatoren zu enthalten. Diese Indikatoren bestätigen das Ausführen bestimmter Praktiken.

Indikatoren

Die in dem folgenden Kapitel beschriebenen Indikatoren für die Prozessdimension bzw. Fähigkeitsdimension sind dem Teil 5 des Standards ISO/IEC 15504 entnommen.
Diese Indikatoren haben informativen Charakter, d.h., sie sind nicht normativ.

3.5.1 Indikatoren für die Prozessdimension

WORUM GEHT ES?

Diese Indikatoren dienen dazu, die Prozesse, welche in einem Prozess-Referenz-Modell (nach Prozesskategorien gegliedert) nur durch ihren Zweck und ihre Ergebnisse beschrieben sind, genauer zu definieren.

WAS HEISST DAS?

In dieser Dimension kommen beim Prozess-Assessment-Modell gegenüber dem Prozess-Referenz-Modell folgende Indikatoren hinzu; d.h., es gibt die folgenden Indikatoren für die Prozessdurchführung:

- Basispraktiken (*Base Practices*),
- Arbeitsprodukte (*Work Products*).

Basispraktiken (*Base Practices, BP*)

Basispraktiken stellen **prozessspezifische Aktivitäten** in Form von *Good Practices* dar und sind das Ergebnis von jahrelangen Untersuchungen und Erfahrungen in der Anwendung der Prozesse des Assessment-Modells, d.h., diese Praktiken beziehen sich immer nur auf **einen** Prozess. Die Erfüllung dieser ist notwendig, damit der Prozess seinen Zweck erreicht. Jedem Prozess der Prozessdimension ist ein Satz von Basispraktiken (*Base Practices*) zugeordnet, deren Durchführung das Ausmaß der Erreichung des Prozesszwecks anzeigt.
Eine **Basispraktik** ist eine *etablierte Aktivität*, welche den Zweck eines bestimmten Prozesses adressiert. Die konsequente Durchführung der Basispraktiken hilft, den Prozesszweck zu erreichen. Die Basispraktiken sind auf einem abstrakten Level beschrieben, diese identifizieren, **was** ge-

macht werden soll, ohne jedoch zu spezifizieren, **wie** das gemacht werden soll, stellen quasi Anforderungen an den Prozess dar. Nur die Basispraktiken eines Prozesses zu implementieren ist von minimalem Wert und repräsentiert nur den ersten Schritt im Aufbau von Prozessfähigkeit, aber die Basispraktiken repräsentieren die einzigen funktionalen Aktivitäten des Prozesses, auch wenn die Durchführung dieser nicht systematisch ist.

Zu jedem Prozess und seinen Basispraktiken sind noch **Arbeitsprodukte** (***Work Products***) zugeordnet, die entweder benutzt, geändert oder durch die Prozessanwendung erzeugt werden.

Arbeitsprodukt (***Work Product, WP***)

Ein **Arbeitsprodukt** ist ein Artefakt, welches mit der Ausführung eines Prozesses verbunden ist. Ein Arbeitsprodukt kann durch einen Prozess gebraucht, erzeugt oder geändert werden. Bei einem Arbeitsprodukt handelt es sich zumeist um ein Dokument, welches durch die Anwendung eines Prozesses entsteht oder geändert wird. Zum Beispiel entstehen im Rahmen der Anwendung eines Projektmanagementprozesses ein Projektplan, ein Projektfortschrittsbericht etc.
Man unterscheidet zwischen *Input Work Products* und *Output Work Products*.

Basispraktiken und **Arbeitsprodukte** sind für jeden Prozess des Prozess-Assessment-Modells **verschieden** (**prozessspezifisch**) und dienen dazu, nachzuweisen, ob der zu bewertende Prozess die Fähigkeitsstufe 1 (CL1) erlangt hat, d. h., ob der Prozess seinen Zweck erreicht – Bewertung der Prozessdurchführung (*process performance*).

Der Teil 5 des Standards ISO/IEC 15504 enthält ein Beispiel für ein Prozess-Assessment-Modell, das auf dem Prozess-Referenz-Modell aus dem Standard ISO/IEC 12207 (Amendment 1) beruht, also auf einem Referenzmodell der Informationstechnologie. Dieses Modell wurde um die Prozessdurchführungsindikatoren, also um Basispraktiken und Arbeitsprodukte zu einem Prozess-Assessment-Modell erweitert. Bild 8 zeigt dieses PAM. Die darin enthaltenen 48 Prozesse sind in neun Prozesskategorien gegliedert.

All diese Prozesse sind beschrieben durch:

- Prozessidentifikation,
- Prozessname,
- Prozesszweck,
- Prozessergebnisse,
- Basispraktiken,
- Arbeitsprodukte.

Zu jedem **Arbeitsprodukt** (***Work Product***) gibt es noch eine zugeordnete **Charakteristik** (***Work Product Characteristic***). Diese ist ein messbares Attribut, welches beispielsweise mögliche Inhalte eines Arbeitsproduktes (z.B. eines Plans) beschreibt.

Tabelle 5 zeigt als Beispiel für die Basispraktiken den Prozess „Qualitätssicherung“ (*Quality Assurance*) aus diesem PAM, welcher der Prozesskategorie „unterstützende Prozesse“ entnommen ist [ISO/IEC 15504-5].

PRIMARY Life Cycle Processes

Acquisition Process Group
- ACQ.1 Acquisition preparation
- ACQ.2 Supplier selection
- ACQ.3 Contract aggreement
- ACQ.4 Supplier monitoring
- ACQ.5 Customer acceptance

Supply Process Group
- SPL.1 Supplier tendering
- SPL.2 Product release
- SPL.3 Product acceptance support

Engineering Process Group
- ENG.1 Requirements elicitation
- ENG.2 System requirement analysis
- ENG.3 System architectural design
- ENG.4 Software requirement analysis
- ENG.5 Software design
- ENG.6 Software construction
- ENG.7 Software integration
- ENG.8 Software testing
- ENG.9 Software integration
- ENG.10 System testing
- ENG.11 Software installation
- ENG.12 Software & system maintenance

Operation Process Group
- OPE.1 Operational use
- OPE.2 Customer support

ORGANIZATIONAL Life Cycle Processes

Management Process Group
- MAN.1 Organizational alignment
- MAN.2 Organization management
- MAN.3 Project management
- MAN.4 Quality management
- MAN.5 Risk management
- MAN.6 Measurement

Process Improvement Process Group
- PIM.1 Process establishment
- PIM.2 Process assessment
- PIM.3 Process improvement

Resource & Infrastructure Process Group
- RIN.1 Human resources management
- RIN.2 Training
- RIN.3 Knowledge management
- RIN.4 Infrastructure

Reuse Process Group
- REU.1 Asset management
- REU.2 Reuse program management
- REU.3 Domain engineering

SUPPORTING Life Cycle Processes

- SUP.1 Quality assurance
- SUP.2 Verification
- SUP.3 Validation
- SUP.4 Joint review
- SUP.5 Audit
- SUP.6 Product evaluation
- SUP.7 Documentation
- SUP.8 Configuration management
- SUP.9 Problem resolution management
- SUP.10 Change request management

Bild 8: *Das exemplarische PAM aus ISO/IEC 15504-5*

Prozess-ID	**SUP.1**
Prozessname (*process name*)	**Qualitätssicherung**
Prozesszweck (*process purpose*)	Der **Zweck** des Qualitätssicherungsprozesses ist, sicherzustellen, dass die Arbeitsprodukte und die Prozesse den Vorschriften und Plänen entsprechen.
Prozessergebnisse (*process outcomes*)	Die **Ergebnisse** einer erfolgreichen Implementierung sind: 1. Eine Strategie für die Durchführung der Qualitätssicherung ist entwickelt. 2. Nachweise für die Qualitätssicherung werden erstellt und instand gehalten. 3. Probleme und/oder Nichtkonformitäten in Bezug auf vereinbarte Anforderungen sind identifiziert und werden aufgezeichnet. 4. Das Einhalten von Standards für Prozesse, Produkte und Aktivitäten ist verifiziert.
Basispraktiken (*Base Practices*)	**SUP.1.BP1: Entwickle eine Qualitätssicherungsstrategie für das Projekt.** Eine Strategie für die Durchführung der Qualitätssicherung ist auf Projektebene definiert. Bemerkung 1: Bei der Entwicklung der Strategie auf Projektebene sollte auf Übereinstimmung mit der Qualitätsmanagementstrategie der Organisation geachtet werden. Bemerkung 2: Der Qualitätssicherungsprozess bestimmt die Ziele und überwacht die Ausführung von verwandten Prozessen: Verifikationsprozess (SUP.2), Validationsprozess (SUP.3), Reviewprozess (SUP.4) und Auditprozess (SUP.5).

Tab. 5: *Der Prozess „Qualitätssicherung" mit den zugehörigen Basispraktiken*

Prozess-ID	SUP.1
	SUP.1.BP2: Definiere die Qualitätsaufzeichnungen für das Projekt. Die Quali- tätsaufzeichnungen, welche die Konformität der Ar-beitsprodukte und der Prozesse mit ihren Qualitätsanforderungen demonstrieren, sind definiert. **SUP.1.BP3: Stelle die Qualität der Prozessaktivitäten und der Arbeitsprodukte des Projektes sicher.** Führe die entsprechenden Aktivitäten mit der nötigen Sorgfalt durch, um sicherzustellen, dass die Prozesse im Projekt den spezifizierten Standards folgen und dass die Arbeitsprodukte die Qualitätsanforderungen erfüllen. **SUP.1.BP4: Aufzeichnungen von Qualitätsaktivitäten werden erstellt und aufbewahrt.** Diese werden dann an die entsprechenden Interessenpartner zur Information bzw. zur Durchführung von Aktivitäten gerichtet. **SUP.1.BP5: Problemlösung.** Abweichungen oder Nichtkonformitäten in Bezug auf vereinbarte Anforderungen oder Ziele der Organisation sollten identifiziert, aufgezeichnet und analysiert werden.

Tab. 5: *Der Prozess „Qualitätssicherung" mit den zugehörigen Basispraktiken (Fortsetzung)*

Arbeitsprodukte

Die Arbeitsprodukte sowie deren Charakteristiken, welche im Standard in einer Liste angeführt sind, sind nicht als eine Liste von Dokumenten anzusehen, die eine Organisation haben soll, sondern sollen dem Assessor beim Assessment ein Beispiel von möglichen Prozess-Inputs bzw. Prozess-Outputs liefern.

Zusammenfassend lässt sich festhalten: Basispraktiken und Arbeitsprodukte sind Assessment-Indikatoren, welche sich auf den Prozess in der Prozessdimension beziehen. Sie wurden entwickelt, um die Bewertung der Erreichung des Prozesszwecks und der Prozessergebnisse zu unterstützen.

Im Folgenden werden die generischen Praktiken (Indikatoren für die Fähigkeitsdimension) beschrieben.

3.5.2 Indikatoren für die Fähigkeitsdimension

WORUM GEHT ES?

Die Indikatoren für die Fähigkeitsdimension dienen dazu, die Prozessattribute, welche zu den Fähigkeitsstufen gehören und Bestandteil des Messrahmenwerks sind, genauer zu beschreiben.

WAS HEISST DAS?

In der Fähigkeitsdimension kommen zu den einzelnen Fähigkeitsstufen mit deren Prozessattributen folgende Indikatoren hinzu:

- generische Praktiken (*Generic Practices, GPs*),
- generische Ressourcen (*Generic Resources, GRs*),
- generische Arbeitsprodukte (*Generic Work Products, GWPs*).

Diese drei Typen von Prozessfähigkeitsindikatoren, bezogen auf die Fähigkeitsstufen 1 bis 5, sind im Teil 5 des Standards beschrieben [ISO/IEC 15504-5] und in Bild 9 ersichtlich. Diese sind, im Gegensatz zu den Basispraktiken, auf *alle* Prozesse anwendbar, d.h., diese sind nicht prozessspezifisch.

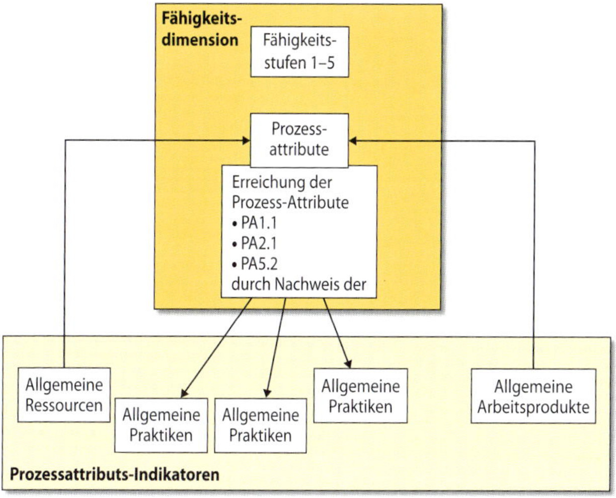

Bild 9: *Die Indikatoren der Fähigkeitsdimension*

Generisch

Generisch heißt in diesem Zusammenhang, dass die im Standard ISO/IEC 15504 definierten generischen Praktiken, Ressourcen und Arbeitsprodukte für alle Prozesse des Assessment-Modells gelten – unabhängig von der Art des Prozesses.

WAS BEDEUTEN DIESE?

Die **Indikatoren für die generischen Praktiken** (*Generic Practices, GPs*) sind Aktivitäten allgemeiner Art und stellen Richtlinien für die Implementierung der Charakteristiken des Prozessattributes zur Verfügung. Diese (Prozess-)Managementpraktiken unterstützen also das Erreichen der Prozessattribute (siehe dazu die Abschnitte 3.5.2.1 bis 3.5.2.9).

Die **Indikatoren für die generischen Ressourcen** (*Generic Resources, GRs*) sind zugeordnete Ressourcen, welche zur Prozessausführung gebraucht werden, um die Prozessattribute zu erfüllen. Diese Ressourcen können menschliche Ressourcen, Tools, Methoden und Infrastruktur inkludieren.

Die **Indikatoren für die generischen Arbeitsprodukte** (*Generic Work Products, GWPs*) sind ein Set von Charakteristiken, welche in Form von allgemeinen Arbeitsprodukten erwartet werden, als ein Ergebnis der Erreichung eines Prozessattributes. Diese bilden die Basistypen von Arbeitsprodukten, welche Inputs oder Outputs von allen Arten von Prozessen sein können.

Generische Ressourcen und generische Arbeitsprodukte

Diese sollen dem Assessor beim Assessment wiederum nur Beispiele von möglichen Ressourcen und Prozess-Outputs für die höheren Fähigkeitsstufen (CL1 bis CL5) liefern. In erster Linie kommen in einem Assessment für die Bewertung der Erreichung der Fähigkeitsstufen 1 bis 5 die generischen Praktiken zum Einsatz. Diese bilden für den Assessor die wichtigste Stütze zur Bewertung dieser.

Die generischen Praktiken, welche im Standard ISO/IEC 15504 im Teil 5 enthalten sind, werden in dem folgenden Kapitel detailliert beschrieben. Und zwar sowohl der Text der generischen Praktik, wie er im Standard steht, als auch in Form einer kurzen Interpretation für die Praxis. Jede Praktik ist ins Deutsche übersetzt, *kursiv* dargestellt und beginnt mit der Nummer wie im Standard angeführt (z. B. *GP 2.1.1 identifiziere die Ziele für die Prozessdurchführung*), die Praxisinterpretation ist wieder in normaler Schriftdarstellung.

Warum wird den **generischen Praktiken** so viel Aufmerksamkeit gewidmet? Der Grund dafür ist, dass diese Praktiken nicht prozessspezifisch sind, sondern **auf alle Prozesse anwendbar**, natürlich unter der Berücksichtigung der Eigenheiten eines Prozesses. Diese können also unabhängig von der Art des zugrunde liegenden Prozess-Referenz-Modells angewendet werden und bieten durch ihre Detailliertheit (für den Leser und Anwender) eine gute Hilfestellung in der Weiterentwicklung von Prozessen in Bezug auf höhere Fähigkeitsstufen.

3.5.2.1 PA1.1 – Process Performance

WAS FORDERT DER STANDARD?

Das Prozessattribut „PA1.1 – Prozessdurchführung“ ist ein Maß dafür, inwieweit der Prozesszweck erreicht wird.

WAS HEISST DAS?

Dieses Prozessattribut bewertet, ob der **Zweck** des Prozesses und die **Prozessergebnisse** erreicht werden. Es gibt einige identifizierbare Dokumente, welche sich auf Prozessergebnisse beziehen, und diese zeugen vom Erreichen des Prozesszwecks, d.h., mit diesen Dokumenten erfolgt die Nachweisführung.

Je umfangreicher und komplexer die Prozessinstanzen sind, desto mehr Nachweise (z.B. in Form von Dokumenten, welche durch die Anwendung dieses Prozesses entstehen, die Arbeitsprodukte) werden für die Prozessfähigkeit dieser Stufe erwartet.

Prozessinstanz

Prozesse werden in einem Assessment immer in Form von sogenannten Prozessinstanzen bewertet.
Eine Prozessinstanz stellt die Anwendung eines Prozesses dar. Wird z.B. in einer projektorientierten Organisation der Prozess „Anforderungsanalyse" im Rahmen eines Projektes XY angewendet, dann ist die Prozessinstanz für den Prozess „Anforderungsanalyse" das Projekt XY.
Bei dem Prozess „Human Resources Management" wäre z.B. eine Prozessinstanz das HR-Management von Mitarbeitern einer Abteilung.

Wenn bei einfachen Prozessen (bei ihrer Anwendung in Form von Prozessinstanzen) nur wenig Arbeitsprodukte vorliegen, weil sehr viel „verbal abläuft", anstatt zu dokumentieren, muss der Assessor sicherstellen, dass alle Prozessanwender das gleiche Verständnis der in diesem Prozess durchzuführenden Aktivitäten haben. Wichtig ist auch, dass den Prozessanwendern klar ist, wer für welche Aktivität verantwortlich ist.

GP 1.1.1 erziele die Prozessergebnisse.
Vollziehe die Intention der Basispraktiken, erzeuge Arbeitsprodukte, die die Prozessergebnisse nachweisen.

Bei dieser Praktik geht es darum, dass die Basispraktiken (also die prozessspezifischen Praktiken) zweckmäßig implementiert sind und ausgeführt werden. Diese tragen zur Erreichung des Prozesszwecks und zur Erreichung der Prozessergebnisse bei. Im Weiteren erzeugen oder ändern sie Arbeitsprodukte.

3.5.2.2 PA2.1 – Performance Management

WAS FORDERT DER STANDARD?

Das Prozessattribut „PA2.1 – Management der Prozessdurchführung“ ist ein Maß dafür, inwieweit die Prozessdurchführung gemanagt wird.

WAS HEISST DAS?

Bei diesem Attribut geht es darum, das (Projekt-)Management des Prozesses zu bewerten, d.h., der Prozess ist zu planen, zu überwachen und zu steuern (inklusive Ziele, Ressourcen und menschliche Schnittstellen).

Ab diesem Level (CL2) geht die **quantitative Evidenz**, d.h. dokumentierte Nachweise, vor der **qualitativen Evidenz** [Loon, H. v.], d.h. verbale Nachweise bzw. Erwartungen, die ein in diesem Bereich erfahrener Assessor hat und daher auch voraussetzt.

Aber je kleiner bzw. einfacher die Prozessinstanzen sind, desto weniger wird es an Nachweisdokumenten geben. Hier ist der Assessor angehalten, die erforderlichen Nachweise verbal über Interviews zu bekommen („qualitative Evidenz“).

GP 2.1.1 identifiziere die Ziele für die Prozessdurchführung.

Diese können folgende Elemente umfassen, z. B. (1) Ziele fur die Qualität der erzeugten Produkte, (2) Ziele für die Durchlaufzeit, (3) Ziele für den Ressourcengebrauch und (4) Grenzen des Prozesses.

- *Ziele für die Prozessdurchführung werden basierend auf den Anforderungen für den Prozess identifiziert.*
- *Der Umfang der Prozessdurchführung ist definiert.*
- *Annahmen und Einschränkungen werden bei der Identifikation der Ziele berücksichtigt.*

Bei dieser Praktik geht es um die Definition von Zielen für die Ausführung des jeweiligen Prozesses, z.B. Prozessdurchlaufzeit oder auch Ziele in Bezug auf Ressourcennutzung.

GP 2.1.2 plane und überwache die Prozessdurchführung, um die (identifizierten) Prozessziele zu erreichen.

- *Pläne für die Durchführung des Prozesses sind entwickelt.*
- *Der Zyklus für die Prozessdurchführung ist definiert.*
- *„Key"-Meilensteine für die Durchführung des Prozesses sind etabliert.*
- *Schätzungen für die Attribute der Prozessdurchführung sind bestimmt und werden aufrechterhalten.*
- *Prozessaktivitäten und Aufgaben sind definiert.*
- *Ein Zeitplan ist definiert und mit dem Ablauf der Prozessdurchführung abgestimmt.*
- *Reviews für die Arbeitsprodukte des Prozesses sind geplant.*
- *Der Prozess wird gemäß dem Plan durchgeführt.*
- *Die Prozessdurchführung wird überwacht, um sicherzustellen, dass die geplanten Resultate erreicht werden.*

Diese Praktik beschreibt die Prinzipien des Projektmanagements bezogen auf den jeweiligen Prozess. Prozessplanung könnte z.B. für den Prozess „Anforderungsanalyse" bedeuten: Gibt es für diesen Prozess im Rahmen seiner Anwendung in einem Projekt (Prozessinstanz) ein Arbeitspaket (mit Aufwand, Verantwortlichkeiten, Beginn und Ende)? Diese Planung wird man in einem Assessment normalerweise in einem Projektplan vorfinden, wobei man bei der Überprüfung dieses Plans auch gleich die Planung von anderen zu bewertenden Prozessen (die auch in demselben Projekt angewendet werden) überprüfen kann.

Für den Prozess „Human Resources Management" wäre die Frage in Bezug auf Planung des Prozesses z.B.: „Wie viele Stunden sind für die kontinuierliche Anwendung dieses Prozesses für das Jahr geplant (ein Personenjahr, mehrere ...)?"

GP 2.1.3 passe die Durchführung des Prozesses an.

- *Probleme („issues") der Prozessdurchführung sind identifiziert.*
- *Geeignete Aktivitäten werden durchgeführt, wenn die geplanten Ergebnisse und Ziele nicht erreicht werden.*
- *Die Pläne werden bei Bedarf angepasst.*
- *Der Zeitplan (Termine) wird bei Bedarf angepasst.*

Diese Praktik beschreibt, dass im Falle von Abweichungen gegenüber der Planung des Prozesses entsprechende Maßnahmen eingeleitet werden müssen, dies bedeutet auch Anpassung der Zeitpläne für die Prozessdurchführung. Die Frage dabei ist: „Wie werden Abweichungen vom Soll erkannt? Wie werden diese verfolgt?"

GP 2.1.4 definiere Verantwortlichkeiten und Befugnisse für die Durchführung des Prozesses.

- *Verantwortlichkeiten, Commitments und Befugnisse für die Durchführung des Prozesses sind definiert, zugeordnet und kommuniziert.*
- *Verantwortlichkeiten und Befugnisse für die Verifikation der Arbeitsprodukte sind definiert und zugeordnet.*
- *Die Erfordernisse für die Erfahrung, Wissen und Kompetenzen zur Prozessdurchführung sind definiert.*

Bei dieser Praktik geht es um die Definition sowie um die explizite Zuweisung von Verantwortlichkeiten und Befugnissen. Wichtig dabei ist die Kommunikation dieser. Ein Nachweis dazu könnten entsprechende Rollenbeschreibungen in einem Projektplan sein. In Organisationen, die z.B. Prozesse schon standardisiert haben, reicht in einem Projektplan der Verweis auf die Rollenbeschreibungen, welche z.B. in einem organisationsweit gültigen Projekthandbuch beschrieben sind.

GP 2.1.5 identifiziere die Ressourcen und stelle sie bereit, um den Prozess gemäß dem Plan durchzuführen.

- *Die Personal- und Infrastrukturressourcen, welche für die Durchführung des Prozesses notwendig sind, sind identifiziert, bereitgestellt, zugeordnet und werden verwendet.*
- *Die Informationen, die für die Prozessdurchführung notwendig sind, sind identifiziert und verfügbar gemacht.*

Nachdem in der Praktik GP 2.1.2 die Prozessdurchführung geplant wurde (wie viele Ressourcen für die Prozessdurchführung benötigt werden), geht es bei dieser Praktik darum, das geeignete Personal (*human resources*) sowie die entsprechenden Ressourcen für die benötigte Infrastruktur (Hardware, Software, Kommunikationsmittel, Arbeitsumgebung etc.) zur Verfügung zu stellen (z. B. von der Linienorganisation). Erfolgt aufgrund von Abweichungen eine Änderung der Planung der Prozessdurchführung, so sind auch die Ressourcen entsprechend anzupassen.

GP 2.1.6 manage die Schnittstellen zwischen den Beteiligten (Interessenpartner).

- *Die Individuen und Gruppen, welche an der Prozessdurchführung beteiligt sind, sind festgelegt.*
- *Die Verantwortlichkeiten der Beteiligten sind diesen zugeordnet.*
- *Die Schnittstellen zwischen den Beteiligten werden gemanagt.*
- *Die Kommunikation zwischen den Beteiligten ist sichergestellt.*
- *Die Kommunikation zwischen den Beteiligten ist effektiv.*

Bei dieser Praktik geht es um das Management der *human interfaces*. Vor allem auch um die Kommunikation zwischen diesen. Zur Beschreibung der Kommunikationsformen (für die Interessenpartner) ist z. B. die Erstellung einer Matrix, welche die Kommunikationsplattformen darstellt, oder ein Kommunikationsplan sehr geeignet. Dieser sollte außer der Art der Kommunikation (z. B. Meeting, E-Mail, Telefonkonferenz etc.) die Teilnehmer, den Zweck und die Frequenz beinhalten.

3.5.2.3 PA2.2 – Work Product Management

WAS FORDERT DER STANDARD?

Das Prozessattribut „PA2.2 – Verwalten der Arbeitsprodukte“ ist ein Maß dafür, in welchem Ausmaß die erstellten Arbeitsprodukte des Prozesses gelenkt werden.

WAS HEISST DAS?

Bei diesem Prozessattribut geht es in erster Linie um die Identifikation (inklusive der Anforderungen an die Inhalte) und Lenkung von Dokumenten bzw. Aufzeichnungen, die im Zuge der Prozessanwendung entstehen bzw. geändert werden. Dies ist auch eine bekannte Forderung des Kapitels 4 im ISO-9001-Standard und sollte somit für ISO-9001-zertifizierte Organisationen kein Problem darstellen.

GP 2.2.1 definiere die Anforderungen an die Arbeitsprodukte.

- *Die Anforderungen an die zu produzierenden Arbeitsprodukte sind definiert. Diese könnten Inhalt und Struktur beinhalten.*
- *Die Qualitätskriterien für die Arbeitsprodukte sind identifiziert.*
- *Angemessene Prüfungen und Freigabekriterien sind für die Arbeitsprodukte definiert.*

Bei dieser Praktik geht es um die Festlegung der Anforderungen an ein Arbeitsprodukt. Das könnte z. B. für die Qualitätskriterien eine arbeitsproduktspezifische Checkliste sein, die sich auf Kennzeichnung, Struktur, Inhalt und andere Merkmale des Arbeitsproduktes bezieht. Diese Checkliste stellt in weiterer Folge auch eine gute Grundlage für den Qualitätssicherungscheck des Arbeitsproduktes durch die Qualitätssicherung dar.

GP 2.2.2 definiere die Anforderungen an die Dokumentation und die Lenkung der Arbeitsprodukte.

- *Die Anforderungen an die Dokumentation und an die Lenkung der Arbeitsprodukte sind definiert. Solche können Anforderungen umschließen: (1) an die Verteilung, (2) an die Identifikation der Arbeitsprodukte und deren Komponenten und (3) an die Rückverfolgbarkeit.*
- *Die Abhängigkeiten/Beziehungen zwischen den Arbeitsprodukten sind identifiziert und definiert.*
- *Anforderungen an die Freigabe der zu lenkenden Arbeitsprodukte sind definiert.*

Diese Praktik beinhaltet klassische Elemente des Dokumentations- und Konfigurationsmanagements, d. h., hier gilt es festzulegen, wie die Arbeitsprodukte gekennzeichnet, freigegeben und verteilt werden (siehe dazu auch die Forderung im Kapitel 4.2 der ISO 9001). Dabei sind auch die Abhängigkeiten zwischen den Arbeitsprodukten zu identifizieren, d. h., den Mitarbeitern sollte klar sein, welche Änderungen in anderen Dokumenten, Zeichnungen, Schaltplänen etc. durch eine Änderung in dem Dokument XY hervorgerufen werden.

GP 2.2.3 identifiziere, dokumentiere und lenke die Arbeitsprodukte.

- *Die zu lenkenden Arbeitsprodukte sind identifiziert.*
- *Das Änderungsmanagement ist für die Arbeitsprodukte eingerichtet.*

- *Die Arbeitsprodukte sind dokumentiert und werden in Übereinstimmung mit den Anforderungen gelenkt.*
- *Die Arbeitsprodukte werden über einen geeigneten Zugriffsmechanismus zur Verfügung gestellt.*
- *Der Revisionsstatus der Arbeitsprodukte ist klar ersichtlich.*

Bei dieser Praktik geht es darum, dass die Arbeitsprodukte klar identifiziert sind (z.B. bei Dokumenten über Dokumentennummer, Version, Filenamen etc.). Der Änderungsdienst (*Configuration Change*) ist klar zu regeln (Wer darf was ändern, wie erfolgt die Kennzeichnung und Freigabe dieser Änderungen?). Der Revisionsstatus kann z.B. über einen *history log* in einem Dokument dargestellt werden, der die geänderten Kapitel und den Grund der Änderung für jede Version angibt. Im Weiteren sollte auch der Mechanismus des *Baselining* (Konfigurationsstatus) angegeben werden, d.h., bei einer Produktauslieferung sollte klar sein, welche Dokumente in welcher Version den derzeitigen Zustand des Produktes (sowie den, der zu diesem führte) beschreiben und dieses begleiten.

GP 2.2.4 prüfe und passe die Arbeitsprodukte an, um die definierten Anforderungen zu erfüllen.

- *Die Arbeitsprodukte werden entsprechend den definierten Anforderungen an diese geprüft.*
- *Korrekturmaßnahmen, die aufgrund der Prüfung der Arbeitsprodukte definiert wurden, sind umgesetzt.*

Bei dieser Praktik geht es um das „Review“ der Arbeitsprodukte. Bei jedem Arbeitsprodukt sollte klar sein, wer die „Reviewer“ sind. Es sollte auch darauf geachtet werden, dass auf jeden Fall einer der Reviewer nicht an der Erstellung des

Arbeitsproduktes beteiligt war (z. B. Review durch einen Mitarbeiter der Qualitätssicherung). Klar sollte auch sein, wie das Review zu erfolgen hat, wer was reviewt und wie die Aufzeichnung der *Findings* aus dem Review und die daran anschließenden Korrekturen zu erfolgen haben, einschließlich der Archivierung der Reviewergebnisse (Nachvollziehbarkeit z. B. in Form eines *red-marked document*).

Dokumentations- und Konfigurationsmanagementplan

Die Vorgehensweise für die Identifikation, Freigabe, Änderung und Archivierung von Arbeitsprodukten kann sehr einfach prozessübergreifend durch die Erstellung des Arbeitsproduktes „Dokumentations- und Konfigurationsmanagementplan" beschrieben und geregelt werden.

3.5.2.4 PA3.1 – Process Definition

WAS FORDERT DER STANDARD?

Das Prozessattribut „PA3.1 – Prozessdefinition" ist ein Maß dafür, inwieweit ein Standardprozess gepflegt wird, um den Einsatz eines definierten Prozesses zu unterstützen.

WAS HEISST DAS?

Dieses Prozessattribut bewertet den „organisationsweit gültigen" Standardprozess. Bei diesem Attribut wird also gefordert, dass dem zu bewertenden Prozess in der Organisation ein standardisierter Prozess zugrunde liegt. Die Beschreibung dieses Standardprozesses muss die Prozessaktivitäten, die Prozessschnittstellen, Rollen, Infrastruktur und erste Prozesskennzahlen umfassen. Zusätzlich werden auch noch

Anpassungsrichtlinien (*Tailoring Guidelines*) gefordert. Diese liefern Hilfestellung, wie aus dem Standardprozess ein für die Anwendung, z.B. in Form eines Projektes (Prozessinstanz), geeigneter Prozess abgeleitet werden kann.

Der Assessor hat sich für die Bewertung eines Prozesses auf Level 3 zwingend den Standardprozess der Organisation anzusehen, wie dieser für die Anwendung in Form von Prozessinstanzen angepasst wird und in welcher Form Erfahrungen von diesen Prozessanwendungen zurückfließen, um den Standardprozess zu verbessern.

GP 3.1.1 definiere den Standardprozess, welcher den Einsatz eines definierten Prozesses unterstützt.

- *Ein Standardprozess ist entwickelt, welcher die fundamentalen Prozesselemente enthält.*
- *Im Standardprozess sind die Bedürfnisse und der Rahmen für die Entwicklung (also für die Anwendung des Prozesses) identifiziert.*
- *Anleitungen bzw. Verfahren, welche die Durchführung des Prozesses unterstützen, stehen zur Verfügung.*
- *Angemessene Anleitungen (Tailoring Guidelines für das Anpassen des Standardprozesses) stehen zur Verfügung.*

Standardprozess

Die Entwicklung eines Standardprozesses ist kein absolutes „Muss". Beispielsweise kann sich eine Organisation, welche Software entwickelt, entschlossen haben, für ihre Entwicklung Prozesse des Prozessmodells *RUP – rational unified process* anzuwenden. In diesem Fall stellen die einzelnen Prozesse dieses Modells die Standardprozesse dar – dies ist jedoch dann klar zu deklarieren. Zusätzlich ist noch zu überlegen, inwieweit diese Standardprozesse im Zuge ihrer Anwendung anzupassen sind. Ist dies notwendig, so müssen Anpassungsrichtlinien erstellt bzw. vorgegebene verwendet werden.

Bei dieser Praktik geht es um die detaillierte Beschreibung des Standardprozesses. Die Form der Beschreibung sollte auf jeden Fall zur Organisation passen, d.h., es macht keinen Sinn, „auf Biegen und Brechen" den Prozess mit einem Prozessmodellierungstool in einer Form darzustellen, die für die Mitarbeiter nicht nur ungewohnt, sondern auch viel zu komplex ist.

Ein wichtiger Punkt bei dieser Praktik ist auch die Erstellung von *Tailoring Guidelines*, welche notwendig sind, damit ein Prozess so angepasst werden kann, wie es seine Anwendung in einer entsprechenden Prozessinstanz erfordert.

Anpassungsrichtlinien (*Tailoring Guidelines*)

Diese können z.B. in einer einfachen Form mit einer Matrix dargestellt werden. In dieser werden auf der vertikalen Achse alle Aktivitäten des Prozesses gelistet und auf der horizontalen Achse ist ein Projektrisikofaktor (z.B. mit den Stufen *low, middle, high*) angeführt. In Abhängigkeit der Einschätzung des Projektrisikos sind dann in der entsprechenden Spalte zum ermittelten Projektrisikofaktor diejenigen Prozessaktivitäten anzukreuzen, welche unbedingt bei diesem Risikofaktor durchzuführen sind.

Tailoring Guidelines sind in erster Linie für Geschäftsprozesse notwendig, z.B. für Prozesse wie Anforderungsanalyse, Design, Test etc.

Bei Management- bzw. unterstützenden Prozessen sind diese selten nötig, da z.B. ein Prozess wie „Human Resources Management" immer gemäß dem Standardprozess angewendet werden wird.

GP 3.1.2 lege die Reihenfolge und die Interaktion zwischen den Prozessen fest, sodass diese als ein integriertes System von Prozessen arbeiten.

- *Die Reihenfolge und die Interaktion mit anderen Prozessen sind für den Standardprozess festgelegt.*
- *Bei der Entwicklung des definierten Prozesses aus dem Standardprozess (d. h. bei seiner Anwendung) bleibt die Integrität (Vollständigkeit) des Prozesses aufrechterhalten (d. h., die Umsetzung des [angepassten] Standardprozesses gewährleistet ein reibungsloses Zusammenwirken mit allen anderen Prozessen der Organisation).*

Bei dieser Praktik geht es um die Schnittstellen des Standardprozesses mit anderen Prozessen, z. B. könnte ein Projektmanagementprozess eine Schnittstelle zu dem Qualitätssicherungsprozess haben. Die Bestimmung dieser ist sehr wichtig, da vor allem bei der Anpassung des Standardprozesses darauf zu achten ist, dass das Zusammenwirken der Prozesse dadurch nicht gefährdet wird.

GP 3.1.3 identifiziere die Rollen und Kompetenzen für die Durchführung des Standardprozesses.

- *Die Rollen für die Prozessdurchführung sind identifiziert.*
- *Die benötigten Kompetenzen für die Prozessdurchführung sind identifiziert.*

Bei dieser Praktik geht es um die Festlegung der Rollen im Standardprozess, d. h. die Identifikation der Rollen für die Durchführung jeder Aktivität. Diese sind in der Prozessbeschreibung darzustellen. Eine zusätzlich notwendige detaillierte Rollenbeschreibung ist in der Praxis eher selten als Teil der Prozessbeschreibung zu finden, sodass diese Rollen zumeist separat beschrieben sind (oft liegen solche Rollenbeschreibungen auf der Ebene der Linienorganisation vor). Eine Rollenbeschreibung sollte die folgenden Punkte beinhalten: Definition der Rolle, Aufgaben, Verantwortlichkeiten, Kompetenzen und für die Rolle notwendige Ausbildungen und Erfahrungen.

Rollenbeschreibungen

Auf Level 3 sind dokumentierte Rollenbeschreibungen der Rollen, wie sie in dem Standardprozess angeführt sind, explizit gefordert und sind als solche auch nachzuweisen.

GP 3.1.4 identifiziere die benötigte Infrastruktur und Arbeitsumgebung für die Durchführung des Standardprozesses.

- *Die Elemente der Prozessinfrastruktur sind identifiziert (Einrichtungen, Werkzeuge, Netzwerke, Methoden etc.).*
- *Die Anforderungen an die Arbeitsumgebung sind identifiziert.*

Bei dieser Praktik geht es um die Festlegung der Infrastruktur, diese muss im Gegensatz zu Level 2 (GP 2.1.5), wo diese zu planen ist, nun im Standardprozess definiert sein (oder in einem Begleitdokument dazu), d.h., darin müssen die Anforderungen an die Arbeitsumgebung und die anzuwendenden Infrastrukturkomponenten definiert sein [Hörmann, K.]. In Engineering-Prozessen sind nicht nur die für die Prozessdurchführung notwendigen Infrastrukturkomponenten anzugeben, sondern auch die z.B. für die Verifikation des Prozesses notwendigen.

GP 3.1.5 lege geeignete Methoden fest, um die Effektivität und die Eignung des Standardprozesses zu überwachen.

- *Methoden für die Überwachung der Effektivität und der Eignung des Prozesses sind festgelegt.*
- *Angemessene Kriterien und Daten, die für die Überwachung der Effektivität und der Eignung des Prozesses benötigt werden, sind definiert.*
- *Die Notwendigkeit, Charakteristiken des Prozesses zu etablieren, wird in Betracht gezogen.*
- *Die Notwendigkeit, interne Audits und Managementreviews durchzuführen, ist etabliert.*
- *Prozessänderungen werden implementiert, um den Standardprozess aufrechtzuerhalten.*

Bei dieser Praktik geht es um die Definition und Festlegung von Methoden zur Bewertung der Effektivität und Eignung des Standardprozesses. Diese sind am besten bei der Definition des Standardprozesses (der Standardprozesse) festzulegen. Dafür kommen folgende Methoden in Frage:

- Definition von aussagefähigen Prozesskennzahlen,
- Managementreview, dieses könnte in Form von regelmäßigen Prozess Reviews stattfinden,
- Prozessaudits,
- Feedback von Prozessanwendern.

Effektivität und Eignung des Prozesses
Bei GP 3.1.5 sind nur die Methoden zur Bestimmung dieser festzulegen. Die Anwendung dieser im Rahmen des Prozesses wird erst durch die GP 3.2.6 verlangt.

Wichtig ist auch festzulegen, wie die Art der Datensammlung zu erfolgen hat, da bei diesem Level (CL3) mit dem Sammeln von Daten zu beginnen ist, damit man für die Analyse der Prozesskennzahlen „historische Daten" zur Verfügung hat. Zu den Prozesskennzahlen ist anzumerken, dass hier bei CL3 (im Gegensatz zu CL4) keine explizite Forderung nach „quantitativen" Kennzahlen besteht, d.h., es sind für diesen Level „qualitative" Kennzahlen ausreichend.

3.5.2.5 PA3.2 – Process Deployment

WAS FORDERT DER STANDARD?

Das Prozessattribut „PA3.2 – Prozessentwicklung" ist ein Maß dafür, inwieweit ein Standardprozess wirksam als definierter Prozess eingesetzt wird, um die Prozessergebnisse zu erzielen.

WAS HEISST DAS?

Dieses Prozessattribut bewertet die Entwicklung des Prozesses, welcher durch die Anwendung der Anpassungsrichtlinien aus dem Standardprozess, z. B. für die Anwendung in einem bestimmten Projekt (Prozessinstanz), entstanden ist.

Hier geht es darum, die Prozessanwender zu befragen, um zu identifizieren, ob die Anforderungen der Prozessinstanz an den Prozess mit dem des angepassten Standardprozesses zusammenpassen.

Dies umfasst auch Elemente, die durch Human Resources Management bzw. durch Infrastrukturmanagement (z. B. Zuordnung von Verantwortlichkeiten, Schulung, Arbeitsumgebung, Tools, Kommunikationsmittel ...) definiert bzw. zur Verfügung gestellt werden; d. h. die Infrastruktur, die für die Anwendung des Standardprozesses notwendig ist.

GP 3.2.1 entwickle einen definierten Prozess, welcher den spezifischen Rahmenbedingungen für den Einsatz des Standardprozesses genügt.

- *Der definierte Prozess wird entsprechend dem Standardprozess ausgewählt und/oder vom Standardprozess abgeleitet.*
- *Die Übereinstimmung des definierten Prozesses mit den Anforderungen des Standardprozesses ist verifiziert.*

Bei dieser Praktik geht es darum, dass nun basierend auf dem Standardprozess (siehe GP 3.1.1) ein für eine konkrete Prozessanwendung (Prozessinstanz) „definierter Prozess" vom Standardprozess abgeleitet und dokumentiert wird (*process deployment*).

Der „definierte" Prozess

Die Entwicklung des definierten Prozesses aus dem Standardprozess erfolgt (bei Bedarf) durch die Anwendung der für die Prozessinstanz vorgesehenen Anpassungsrichtlinien auf den Standardprozess. Wichtig ist, dass diese Entwicklung nachvollziehbar sein muss, mit einer Begründung, warum diese oder jene Variante gewählt wurde.

GP 3.2.2 ordne Rollen, Verantwortlichkeiten und Autoritäten zu, um den definierten Prozess auszuführen, und kommuniziere diese.

- *Die Rollen für die Durchführung des definierten Prozesses sind zugeordnet und kommuniziert.*
- *Die Verantwortlichkeiten und Autoritäten für die Durchführung des definierten Prozesses sind zugeordnet und kommuniziert.*

Bei dieser Praktik geht es nun um die dokumentierte und kommunizierte Zuweisung der in der Praktik GP 3.1.3 definierten Rollen zu den Mitarbeitern. Dies wird zumeist in Abstimmung mit der Linie erfolgen.

GP 3.2.3 stelle die erforderlichen Fähigkeiten für die Durchführung des definierten Prozesses sicher.

- *Angemessene Kompetenzen (Fähigkeiten) für die zugeordneten Personen sind identifiziert.*
- *Geeignete Schulungen sind für diejenigen, die den definierten Prozess entwickeln, verfügbar.*

Bei dieser Praktik geht es darum, dass die in der Praktik GP 3.1.3 definierten Kompetenzen nun gegen die Kompetenzen der zugewiesenen Mitarbeiter quergecheckt werden. Daraus können sich durchaus Differenzen ergeben, welche dann Schulungen nach sich ziehen. Diese sind mit den die Mitarbeiter zuweisenden Organisationseinheiten (mit der Linie) abzustimmen.

Skillmatrix

In der Praxis hat sich die Erstellung einer sogenannten „Skillmatrix" bewährt. In dieser sind auf der vertikalen Achse die Mitarbeiter und auf der horizontalen Achse notwendige Fähigkeiten/Wissen (z.B. Projekterfahrung, Beherrschen von Tools, Können eines bestimmten Prozesses etc.) einzutragen. In die Zelle (Schnittpunkt zwischen Mitarbeiter und notwendiger Fähigkeit) wird die entsprechende Bewertung nach einem Schulnotensystem eingetragen (in Abstimmung der Selbsteinschätzung durch den Mitarbeiter und einer Einschätzung durch dessen Vorgesetzten).
So eine Matrix ist sehr hilfreich bei der Zuordnung von Mitarbeitern zu Prozessrollen nach der Vorlage des entsprechenden Kompetenzprofils.
Diese Matrix ist natürlich regelmäßig auf dem neuesten Stand zu halten.

GP 3.2.4 stelle Ressourcen und Informationen zur Verfügung, um die Durchführung des definierten Prozesses zu unterstützen.

- *Benötigte menschliche Ressourcen sind verfügbar, zugeteilt und werden eingesetzt.*
- *Benötigte Informationen, um den Prozess auszuführen, sind verfügbar, zugeteilt und werden eingesetzt.*

Bei dieser Praktik geht es um die Zurverfügungstellung der geeigneten Mitarbeiter, deren Kompetenz im Zuge der GP 3.2.3 festgestellt (oder abgeglichen) wurde. Die Ermittlung und Zurverfügungstellung von Ressourcen wird bereits auf Level 2 gefordert (GP 2.1.5), allerdings wird bei Level 3 von diesen definiert im Standardprozess ausgegangen.

Die Zurverfügungstellung von für die Prozessausführung notwendiger Information hat auch entsprechend zu erfolgen. Im Falle der Prozessanwendung in Form eines Projektes wird diese sehr oft durch den Projektleiter zur Verfügung gestellt, z.B. in Form einer Projekt-Homepage mit Zugriff auf eine Erfahrungsdatenbank zu den jeweiligen Prozessanwendungen etc.

GP 3.2.5 stelle eine passende Prozessinfrastruktur zur Verfügung, welche die Durchführung des definierten Prozesses unterstützt.

- *Benötigte Infrastruktur und Arbeitsumgebung sind verfügbar.*
- *Die Unterstützung der Organisation, um die Infrastruktur und die Arbeitsumgebung wirksam zu verwalten und aufrechtzuerhalten, ist vorhanden.*
- *Infrastruktur und Arbeitsumgebung werden verwendet und aufrechterhalten.*

Bei dieser Praktik geht es nun um die Bereitstellung der im Standardprozess (GP 3.1.4) definierten Infrastruktur und Arbeitsumgebung. Wichtig ist auch, dass diese Infrastruktur aufrechterhalten (gewartet) wird. In mittleren und größeren Organisationen gibt es dazu meist eigene Abteilungen, die dafür zuständig und verantwortlich sind.

GP 3.2.6 sammle und analysiere Daten über die Durchführung des Prozesses, um dessen Eignung und Wirksamkeit zu demonstrieren.

- *Daten, welche benötigt werden, um das Verhalten, die Eignung und die Wirksamkeit des definierten Prozesses zu verstehen, sind identifiziert.*
- *Daten werden gesammelt und analysiert, um das Verhalten, die Eignung und die Wirksamkeit des definierten Prozesses zu verstehen.*
- *Die Ergebnisse der Analyse werden verwendet, um zu identifizieren, wo kontinuierliche Verbesserungen des Standard- und/oder definierten Prozesses durchgeführt werden können.*

Bei dieser Praktik geht es um die Anwendung der in der Praktik GP 3.1.5 beschriebenen Methoden, d.h. Durchführung von Prozessmessungen, Audits, Prozessreviews etc. am definierten Prozess. Die daraus resultierenden Daten sind zu sammeln und entsprechend auszuwerten (inklusive Trends). Die Auswertungen bilden die Grundlage zur Prozessverbesserung des Standardprozesses und in weiterer Folge auch des definierten Prozesses.

3.5.2.6 PA4.1 – Process Measurement

WAS FORDERT DER STANDARD?

Das Prozessattribut „PA4.1 – Prozessmessung“ ist ein Maß dafür, inwieweit Messergebnisse verwendet werden, um sicherzustellen, dass die Durchführung des Prozesses die definierten Vorgaben erreicht, welche (wiederum) die definierten Geschäftsziele unterstützen.

WAS HEISST DAS?

Dieses Prozessattribut bewertet die Prozessmessung, inklusive der Sammlung, Auswertung, Berichterstattung, Verantwortlichkeiten, Infrastruktur etc. – also das gesamte Prozessmesssystem. Wobei hier die Prozesskennzahlen in Zusammenhang mit den Geschäftszielen der Organisation stehen sollen, d. h., diese sollten davon abgeleitet werden.

GP 4.1.1 identifiziere die Informationsbedürfnisse an den Prozess in Übereinstimmung mit den Geschäftszielen (den strategischen Zielen der Organisation).

- *Die Geschäftsziele, welche für die Etablierung von quantitativen Prozesszielen (und Kennzahlen) relevant sind, sind identifiziert.*
- *Die Interessenpartner des Prozesses sind identifiziert und deren Informationsbedürfnisse sind definiert.*
- *Die Informationsbedürfnisse unterstützen die relevanten Geschäftsziele.*

Bei dieser Praktik geht es um die Ermittlung: „Welche Prozessinformationen sind im Zusammenhang mit den strategischen Zielen der Organisation für die entsprechenden

Interessenpartner (Stakeholder) relevant?“ Zum Beispiel könnte eine Information auf „Wie lange wird es dauern, ein Softwaremodul zu entwickeln?“ für das strategische Ziel, „Marktführer für embedded Software im Automobilbereich bis 2010 zu werden“, lauten.

Literatur zur Prozessmessung

Für die Erreichung von Level 4 gibt es z.B. die folgende Literatur, die bei der Ableitung und Definition von Zielen/Kennzahlen eine gute Hilfestellung bietet:
[Kaplan, R., 1996]: The Balanced Scorecard
[Kaplan, R., 2004]: Strategy Maps
[Basili, V.]: The Goal Questionnaire Approach
[ISO/IEC 15939]: Software engineering – Software measurement process

GP 4.1.2 leite Ziele für die Prozessmessung von den Prozessinformationsbedürfnissen ab.

- *Kennzahlen für die Prozessmessung, welche die definierten Informationsbedürfnisse an den Prozess befriedigen, sind definiert.*

Bei dieser Praktik geht es um die Ableitung von Zielen und Kennzahlen ausgehend von den Informationsbedürfnissen, die im Zuge der Praktik GP 4.1.1 ermittelt wurden und noch sehr allgemein formuliert sind. Der Zielableitungsprozess muss nachvollziehbar sein.

Balanced Scorecard (BSC)

Als sehr hilfreich zur Ableitung von Prozesszielen und Kennzahlen hat sich in der Praxis herausgestellt, wenn in der Organisation das Zielsystem auf dem

Balanced-Scorecard-Ansatz aufgebaut ist. Ausgehend von den strategischen Zielen einer Organisation können mithilfe einer Korrelationsmatrix (strategische Ziele vs. korrelierende Prozesse) Prozessziele und Kennzahlen abgeleitet werden.

GP 4.1.3 etabliere quantitative Ziele für die Durchführung des definierten Prozesses, entsprechend der Ausrichtung der Prozesse an den Geschäftszielen.

- *Ziele für die Prozessdurchführung sind definiert (explizit bezogen auf die Geschäftsziele).*
- *Ziele für die Prozessdurchführung sind mit dem Management der Organisation und den Prozesseignern auf deren Realisierbarkeit und Nutzen verifiziert.*

Bei dieser Praktik geht es darum, die Ziele für die Prozessdurchführung **quantitativ** mit entsprechenden Ober- und Untergrenzen zur Prozesssteuerung zu formulieren. Diese sind mit den verantwortlichen Prozesseignern auf Realisierbarkeit und Nutzen zu verifizieren.

GP 4.1.4 identifiziere Produkt- und Prozesskennzahlen, welche das Erreichen der quantitativen Ziele für die Prozessdurchführung unterstützen.

- *Detaillierte Kennzahlen sind definiert, um die Bedürfnisse der Überwachung, der Analyse und der Verifikation der Ziele des Prozesses und des Produktes zu unterstützen.*
- *Kennzahlen, welche der Prozessmessung und den Durchführungszielen genügen, sind definiert.*
- *Die Frequenz für die Datensammlung ist definiert.*
- *Algorithmen und Methoden zum Erzeugen von abgeleiteten Messergebnissen aus Basismessungen sind definiert.*

- *Ein Verifikationsmechanismus für Basis- und abgeleitete Messungen ist definiert.*

Bei dieser Praktik gilt es für die nun definierten quantitativen Ziele für die Prozessdurchführung, geeignete Kennzahlen (sowohl für den Prozess als auch für das Produkt) und die entsprechenden Messfrequenzen zu definieren. Sollte eine Kennzahl aus mehreren abgeleitet werden, so sind der entsprechende Algorithmus und die Methode zu definieren und zu verifizieren.

GP 4.1.5 sammle Produkt- und Prozessmessresultate, indem der definierte Prozess durchgeführt wird.

- *Ein Mechanismus zur Datensammlung für alle identifizierten Messgrößen ist geschaffen.*
- *Die benötigten Daten werden auf eine effektive und zuverlässige Art und Weise erhoben.*
- *Die Messergebnisse werden von den gesammelten Daten innerhalb der definierten Frequenz kreiert.*
- *Die Analyse der Messergebnisse erfolgt in definierten Abständen.*
- *Die Messergebnisse werden an die für die Überwachung der Zielerreichung Zuständigen berichtet.*

Bei dieser Praktik geht es um die für die Kennzahlenerfassung notwendige Datensammlung sowie deren Analyse und Auswertung, diese sind dann an die für die Überwachung der Zielerreichung Zuständigen zu berichten, z.B. an die Prozesseigner. Hilfreich dazu ist die Darstellung der Kennzahlen z.B. in Form von Process Scorecards (Bild 10).

	M1	M2
Requirements Engineering	% of requirements needing clarification	Removal eff. for discrepancies/ cost of requirements Wp
	90 %	100 %
	M3	**M4**
System Design	Cost of design changes / cost of design work package	Systems Engineer's coaching capability
	85 %	100 %

Bild 10: *Process Scorecard (Wp = Workpackage)*

GP 4.1.6 verwende die Ergebnisse der definierten Messungen zur Überwachung und Verifikation des Erreichens der Prozessziele.

- *Statistische oder ähnliche Techniken werden verwendet, um ein quantitatives Verständnis der Prozessdurchführung und der Fähigkeit zur Steuerung des Prozesses innerhalb definierter Grenzen zu verstehen.*
- *Trends des Prozessverhaltens werden identifiziert.*

Bei dieser Praktik geht es um die statistische Auswertung der Kennzahlen unter Einbeziehung der historischen Daten zur Überwachung und Verifikation der Erreichung der Prozessziele, also um das quantitative Verständnis der Prozessdurchführung. Wichtig ist dabei auch, ob dieses quantitative Verständnis zu einem besseren Prozessverständnis der Prozessanwender beiträgt.

3.5.2.7 PA4.2 – Process Control

WAS FORDERT DER STANDARD?

Das Prozessattribut „PA4.2 – Prozesssteuerung" ist ein Maß dafür, inwieweit der Prozess quantitativ beherrscht wird, um einen Prozess zu erreichen, der stabil, fähig und vorhersagbar innerhalb definierter Grenzen ist.

WAS HEISST DAS?

Dieses Prozessattribut bewertet die Analyse und Steuerungsmechanismen für die Prozesskennzahlen, d. h., die Prozesskennzahlen bewegen sich in einem bestimmten Bereich. Im Weiteren geht es bei diesem Attribut auch um die Bewertung von definierten Korrekturmaßnahmen bei Nichtzielerreichung.

GP 4.2.1 bestimme Analyse- und Steuertechniken, welche geeignet sind, die Prozessdurchführung zu steuern.

- *Analysemethoden und Techniken zur Prozesssteuerung sind definiert.*
- *Ausgewählte Techniken werden gegen die Ziele zur Prozesssteuerung validiert.*

Bei dieser Praktik geht es um die klare Definition von geeigneten Analyse- und Steuertechniken für den Prozess (z. B. Varianzanalysen). Es wird nicht für alle Prozesse möglich sein, die gleichen statistischen Methoden anzuwenden. Für manche Prozesse werden aufgrund der für diese gewählten Kennzahlen nur Techniken wie Pareto- oder Fischgrätendiagramm möglich sein.

GP 4.2.2 definiere geeignete Parameter zur Steuerung der Prozessdurchführung.

- *Die Definition des Standardprozesses wird modifiziert, um die Parameter für die Prozesssteuerung zu umfassen.*
- *Die Grenzen für die Prozesssteuerung für ausgewählte Messungen und abgeleitete Messungen sind definiert.*

Bei dieser Praktik geht es um die Erweiterung/Modifikation des Standardprozesses um die Parameter zur Prozesssteuerung. Dabei hat sich in der Praxis bewährt, dass die Prozesskennzahlen nicht im Standardprozess selbst beschrieben sind, sondern dass dieser nur einen Link zu einem *process measures repository* enthält.

GP 4.2.3 analysiere Prozess- und Produktmessergebnisse, um Variationen in der Prozessdurchführung zu identifizieren.

- *Kennzahlen werden verwendet, um die Prozessdurchführung zu analysieren.*
- *Alle Situationen, in denen die definierten Steuergrenzen überschritten wurden, sind aufgezeichnet.*
- *Jeder dieser Fälle, wo die definierten Steuergrenzen überschritten wurden, wird analysiert, um die möglichen Ursachen der Abweichung zu bestimmen.*
- *Begründbare Ursachen für die Variationen werden festgehalten.*
- *Die Ergebnisse werden den Verantwortlichen zu Aktionen zur Verfügung gestellt.*

Bei dieser Praktik geht es um die genaue Analyse der Prozess- und Produktmessergebnisse und vor allem um eine Ursachenanalyse im Fall der Überschreitung der Steuergrenzen (*cause & effect analysis*, z.B. mit der Methode des Fischgrätendiagramms). Anhand der Analyse gilt es nun auch festzuhalten, ob diese Überschreitung einmalig war oder wiederholend. Diese Analysen sollten auch als Input für die Prozessreviews dienen (Prozessreviews siehe auch unter GP 3.1.5 und GP 3.2.6).

GP 4.2.4 identifiziere und implementiere Korrekturmaßnahmen, um zurechenbare Ursachen zu adressieren.

- *Korrekturmaßnahmen werden festgelegt, um jede einzelne zurechenbare Ursache zu adressieren.*
- *Korrekturmaßnahmen werden implementiert, um zurechenbare Ursachen von Variationen anzusprechen.*
- *Die Ergebnisse der Korrekturmaßnahmen werden überwacht.*
- *Korrekturmaßnahmen werden bewertet, um deren Wirksamkeit festzustellen.*

Bei dieser Praktik geht es darum, zu den in der Praktik GP 4.2.3 festgestellten Ursachen für die Überschreitung der Prozesssteuergrenzen geeignete Korrekturmaßnahmen zu definieren. Diese könnten z.B. in Form von *Corrective Actions* (nachvollziehbar mit Verantwortlichen und Fälligkeitsdatum) bei den jeweiligen Prozesszielen/-kennzahlen definiert werden. Diese Korrekturmaßnahmen sind zu implementieren, am besten in Form einer Pilotanwendung, und sie sind auf ihre Wirksamkeit hin zu bewerten.

GP 4.2.5 lege neue Grenzen für die Prozesssteuerung basierend auf den Korrekturmaßnahmen fest.

- *Die Grenzen für die Prozesssteuerung werden neu berechnet, um die Prozessänderung und die Korrekturmaßnahmen widerzuspiegeln.*

Bei dieser Praktik geht es, basierend auf den Ergebnissen der Praktiken GP 4.2.3 und GP 4.2.4, um die Definition neuer Prozesssteuergrenzen für diejenigen Prozesskennzahlen/-ziele, bei welchen es zu Überschreitungen der Steuergrenzen gekommen ist.

3.5.2.8 PA5.1 – Process Innovation

WAS FORDERT DER STANDARD?

Das Prozessattribut „PA5.1 – Prozessinnovation" ist ein Maß dafür, inwieweit Änderungen des Prozesses aus der Analyse von gemeinsamen Ursachen für Variationen in der Durchführung und aus Untersuchungen von innovativen Ansätzen für die Definition und den Einsatz des Prozesses identifiziert werden.

WAS HEISST DAS?

Dieses Prozessattribut bewertet das Management von „proaktiven" Prozessänderungen, welche sich aus der Analyse von Prozessdaten bzw. durch Innovationen ergeben, und welches durch Kennzahlen für die Prozessverbesserung gesteuert ist. Hier müssen auch Ziele für die Prozessverbesserung vorliegen (basierend auf strategischen Zielen).

GP 5.1.1 definiere Ziele für die Verbesserung des Prozesses, welche die relevanten Geschäftsziele unterstützen.

- *Die Ausrichtung auf Prozessinnovationen ist gegeben.*
- *Neue Geschäftsvisionen und -ziele werden analysiert, um neue Prozessziele und mögliche Bereiche für Prozessänderungen daran auszurichten.*
- *Quantitative und qualitative Prozessverbesserungsziele sind definiert und dokumentiert.*

Bei dieser Praktik geht es darum, dass es ein strategisches Ziel zur Prozessverbesserung gibt (könnte bei einem BSC-Zielsystem ein Ziel der Potenzialperspektive sein). Dabei sollten neue/geänderte strategische Ziele (bzw. Visionen) in Bezug auf deren Einfluss auf bestehende Prozessziele analysiert werden. Die Prozessverbesserungsziele sollten quantitative Ziele sein.

Frage nach dem Commitment

In einem Assessment ist durch den Assessor zu hinterfragen, in welcher Form das Commitment zur Prozessverbesserung definiert ist. Dieses könnte z.B. aus einem Statement der Unternehmenspolitik hervorgehen.

GP 5.1.2 analysiere die Messdaten des Prozesses, um reale und potenzielle Variationen der Prozessdurchführung zu identifizieren.

- *Die Messdaten werden analysiert und zur Verfügung gestellt.*
- *Die Ursachen für Variationen werden identifiziert und klassifiziert.*

- *Gemeinsame Ursachen von Variationen werden analysiert, um ein quantitatives Verständnis ihres Einflusses zu erhalten.*

Bei dieser Praktik geht es, basierend auf einem quantitativen Verständnis der Prozessdurchführung (wie in Level 4 erreicht), um die Analyse der Prozessvariationen, und zwar auch, wenn die Kennzahlen nicht die Steuergrenzen überschritten haben.

GP 5.1.3 identifiziere Verbesserungsmöglichkeiten des Prozesses, basierend auf Innovationen und bewährten Praktiken.

- *Bewährte Praktiken (Best Practices) der Industrie sind identifiziert und bewertet.*
- *Es wird aktiv nach Rückmeldungen für Verbesserungsmöglichkeiten gesucht.*
- *Verbesserungsmöglichkeiten sind identifiziert.*

Bei dieser Praktik geht es um die proaktive Suche nach Verbesserungsmöglichkeiten, z.B. über *Best Practices* oder über die aktive Einforderung von Verbesserungsmöglichkeiten von den Prozessanwendern.

Reduktion der Prozessdurchlaufzeit

Bei einem Unternehmen stellte man fest, dass man für den Durchlauf in einem Entwicklungsprozess 5,2 Tage benötigt. Die Steuergrenzen für die Durchlaufzeit lauteten für diesen Prozess: fünf bis sechs Tage, d.h., das Prozessziel galt als erfüllt.
Durch Marktstudien erfuhr man, dass ein ausländischer Mitbewerber für den Prozessdurchlauf nur vier Tage benötigte. Dieses Unternehmen war zu dieser Zeit in derselben Bran-

che, aber noch nicht in demselben Markt tätig, stellte also keine momentane Bedrohung für das Unternehmen dar. Trotzdem nahm man dieses „Benchmark" als Grundlage für eine innovative und proaktive Prozessverbesserung. Durch eine innovative Änderung im Prozessdurchlauf gelang es, die Kennzahl für den Prozessdurchlauf auf vier Tage zu verringern.

GP 5.1.4 leite Verbesserungsmöglichkeiten des Prozesses von neuen Technologien und Prozesskonzepten ab.

- *Der Einfluss von neuen Technologien auf die Prozessdurchführung ist identifiziert und bewertet.*
- *Der Einfluss von neuen Prozesskonzepten ist identifiziert und bewertet.*
- *Verbesserungsmöglichkeiten sind identifiziert.*
- *Auftauchende Risiken werden betrachtet bei der Identifizierung der Verbesserungsmöglichkeiten.*

Bei dieser Praktik geht es um die Bewertung von neuen Technologien und Konzepten zur Prozessverbesserung (inklusive einer Risikoanalyse).

GP 5.1.5 definiere eine Umsetzungsstrategie, basierend auf langfristigen Verbesserungsvisionen und -zielen.

- *Commitment zur Verbesserung ist beim Management und den Prozesseignern vorhanden.*
- *Vorgeschlagene Prozessänderungen sind bewertet und pilotiert, um deren Benefits und erwartete Auswirkungen auf die definierten Geschäftsziele zu bestimmen.*
- *Änderungen sind klassifiziert und priorisiert basierend auf deren Auswirkung auf die definierten Verbesserungsziele.*

- *Messungen, welche die Ergebnisse der Prozessänderungen validieren, sind definiert, um die erwartete Effektivität der Prozessänderung zu bestimmen.*
- *Die Implementierung der genehmigten Änderungen wird als integrales Programm oder Projekt geplant.*
- *Der Implementierungsplan und die Auswirkungen auf Geschäftsziele werden vom Management der Organisation diskutiert und geprüft.*

Bei dieser Praktik liegt der Fokus auf der Definition einer Umsetzungs- und Implementierungsstrategie basierend auf dem strategischen Ziel der Prozessverbesserung sowie dem entsprechenden Commitment durch das Management.

3.5.2.9 PA5.2 – Process Optimization

WAS FORDERT DER STANDARD?

Das Prozessattribut „PA5.2 – Prozessoptimierung" ist ein Maß dafür, inwieweit Änderungen der Definition, des Managements und der Durchführung des Prozesses wirksame Einflüsse auf die relevanten Prozessverbesserungsziele haben.

WAS HEISST DAS?

Dieses Prozessattribut bewertet das Management von „proaktiven" Prozessänderungen in Bezug auf die Auswirkungen dieser (auf Ressourcen, Zielerreichung etc.). Hier geht es um die „kleinen Schritte" innerhalb eines kontinuierlichen Verbesserungsprozesses. Dabei geht es auch darum, zu bewerten, ob die Auswirkungen der Prozessänderungen entsprechend evaluiert wurden, bevor diese durchgeführt werden.

GP 5.2.1 bewerte den Einfluss einer jeden vorgeschlagenen Änderung in Bezug auf die Ziele des definierten Prozesses und des Standardprozesses.

- *Die objektiven Prioritäten für die Prozessverbesserung sind festgelegt.*
- *Die spezifischen Änderungen werden in Bezug auf die Produktqualität und die Anforderungen an die Prozessdurchführung und -ziele bewertet.*
- *Die Einflüsse der Änderungen auf andere definierte Prozesse und Standardprozesse werden betrachtet.*

Bei dieser Praktik geht es um die Bewertung von Änderungen in Bezug auf die Zielerreichung sowohl des definierten Prozesses als auch des Standardprozesses. Dabei ist auch zu untersuchen, inwieweit sich Änderungen in den Zielerreichungen von Prozessen, zu denen Schnittstellen bestehen, auswirken.

GP 5.2.2 manage die Implementierung der vereinbarten Änderungen von ausgewählten Bereichen des definierten Prozesses und des Standardprozesses in Übereinstimmung mit der Implementierungsstrategie.

- *Ein Mechanismus für die komplette und wirksame Einarbeitung von akzeptierten Änderungen in den definierten Prozess und den Standardprozess ist etabliert.*
- *Die Faktoren, die die Wirksamkeit und die volle Entwicklung der Prozessänderung beeinflussen, sind identifiziert und gemanagt. Dies sind z. B.:*
  - *wirtschaftliche Faktoren (Produktivität, Gewinn, Wachstum, Effizienz, Qualität, Wettbewerb, Ressourcen und Kapazität);*

  - *menschliche Faktoren (Arbeitszufriedenheit, Motivation, Moral, Konflikt/Zusammenhalt, Konsens von Zielen, Teilnahme, Schulung, Führung);*
  - *Managementfaktoren (Fertigkeiten, Verpflichtung, Führung, Wissen, Fähigkeiten, Organisationskultur und Risiken);*
  - *Technologiefaktoren (Kompliziertheit von Systemen, technische Expertise, Entwicklungsmethoden, Bedarf an neuen Technologien).*
- *Schulung wird den Anwendern des Prozesses zur Verfügung gestellt.*
- *Prozessänderungen werden allen betroffenen Interessenpartnern wirksam kommuniziert.*
- *Aufzeichnungen von der Implementierung der Änderung werden aufrechterhalten.*

Bei dieser Praktik geht es um die Bewertung der Änderungen in Bezug auf deren Einfluss auf verschiedene Faktoren und die daran anschließende Implementierung (Roll-out für den Standard und definierten Prozess) basierend auf der Implementierungsstrategie. Eine solche Bewertung wird oft nur in Form einer „Pilotierung“ der Änderung(en) möglich sein.

GP 5.2.3 bewerte die Wirksamkeit von Prozessänderungen, basierend auf der Gegenüberstellung der aktuellen Leistung zu Prozessdurchführungs-, Prozessfähigkeits- und Geschäftszielen.

- *Die Leistung und Fähigkeit des geänderten Prozesses werden gemessen und mit historischen Daten verglichen.*
- *Ein Mechanismus für die Dokumentation und das Berichten der Analyseergebnisse an das Management und an die Pro-*

zesseigner für den Standardprozess und den definierten Prozess ist vorhanden.

- *Messungen werden analysiert, um zu bestimmen, ob die Ergebnisse von allgemeinen oder speziellen Ursachen herrühren.*
- *Andere Rückmeldungen, wie z. B. Möglichkeiten für weitere Verbesserungen des Standardprozesses, werden aufgezeichnet.*

Bei dieser Praktik geht es um die Bewertung der Wirksamkeit der (proaktiven) Prozessänderung und der Gegenüberstellung der Leistungen vor/nach der Prozessänderung. Diese sind den entsprechenden Interessenpartnern zu berichten.

4 Durchführung von Prozess-Assessments

WORUM GEHT ES?

Um die Festlegung eines Ablaufes zur Durchführung von objektiven, konsistenten und wiederholbaren Prozess-Assessments, die zur Bewertung von ausgewählten Prozessen einer Organisation gegenüber Prozessen eines Prozess-Assessment-Modells dienen.

WAS FORDERT DER STANDARD?

Der Standard fordert in seinem normativen Teil [ISO/IEC 15504-2] folgende Aktivitäten, die zur Durchführung eines ISO/IEC-15504-kompatiblen Prozess-Assessments einzuhalten sind:

- Planung,
- Datensammlung,
- Datenvalidierung,
- Bewertung der Prozessattribute,
- Berichterstattung.

WAS HEISST DAS?

Um diese einzelnen Aktivitäten, welche im Standard noch mit Unterpunkten detailliert werden, umsetzen zu können, wurde von den Autoren folgendes praxiserprobtes Modell (Bild 11) zur Durchführung von Prozess-Assessments entwickelt.

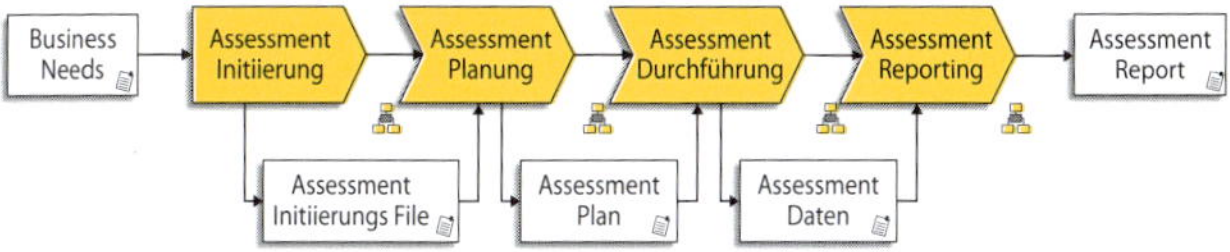

Bild 11: *Die vier Phasen des Assessment-Prozesses*

4.1 Rollen im Assessment

WORUM GEHT ES?

Für die Durchführung von Prozess-Assessments sind sowohl auf der Organisationsseite (Unternehmen, in dem das Assessment durchgeführt wird) als auch auf der Seite der das Assessment Durchführenden Personen mit gewissen Fähigkeiten und Erfahrung notwendig.

WAS HEISST DAS?

Für die Durchführung von Prozess-Assessments sind bestimmte Rollen erforderlich, die in Tabelle 6 aufgelistet sind.

Rolle	Rollendefinition	Verantwortlichkeiten
Sponsor	Stellt die Budgetmittel zur Verfügung und gibt Zweck und Ziele für das Assessment vor.	• Autorisiert die Finanzierung des Assessments. • Stellt Ressourcen zur Verfügung. • Stellt das Management Commitment während des gesamten Assessments sicher. • Gibt sämtliche Pläne und Reports frei.
Lokaler Assessment-Koordinator (LAK)	Wird durch den Sponsor nominiert. Stellt die Schnittstelle zwischen dem Management der Organisation und dem Assessment-Teamleiter dar.	• Führt die organisatorischen Tätigkeiten, welche im Rahmen des Assessments in der Organisation anfallen, durch. • Stellt sicher, dass die entsprechenden Ressourcen und die benötigte Logistik vorhanden sind bzw. zur Verfügung stehen.
Assessment-Teamleiter (ATL)	Der Assessment-Teamleiter hat sicherzustellen, dass der Assessment-Prozess konform zum Standard ISO/IEC 15504 abläuft.	• Vertretung nach außen, führen des Assessment-Teams und Schnittstelle zur Organisation. • Unterstützt den Sponsor und den LAK bei der Bestimmung der zu bewertenden Prozesse, der Auswahl der Prozessinstanzen und bei der Bestimmung der Zielkennwerte für die Prozessattribute. • Plant das Assessment, leitet die Assessment-Durchführung und berichtet die Assessment-Ergebnisse.

Tab. 6: *Die Rollen in einem Prozess-Assessment*

Rolle	Rollendefinition	Verantwortlichkeiten
Assessor	Jeder Assessor ist gegenüber dem Assessment-Teamleiter für den ihm zugeordneten Teil des Assessments verantwortlich.	• Durchführen des Assessments der ihm zugeteilten Prozesse. • Überprüfen des Assessment-Plans und des Assessment-Reports.
Fach-spezialist	Fachspezialisten können zur Unterstützung des Assessment-Teams herangezogen werden, um so das Fachwissen des Teams zu erhöhen.	Diese müssen keine ausgebildeten Assessoren sein, sondern dienen in erster Linie dazu, um bei komplexen Prozessen zusätzliches fachliches Know-how vor allem für die Bewertung der Prozessdurchführung einzubringen.
Asses-sierte	Mitarbeiter der Organisation, welche im Rahmen des Assessments befragt werden, z.B. Prozesseigner, Prozessexperten, Prozessanwender, Projektleiter etc.	• Zurverfügungstellung der im Zuge der Assessment-Durchführung benötigten Dokumente und Daten. • *Open minded.*

Tab. 6: *Die Rollen in einem Prozess-Assessment (Fortsetzung)*

4.2 Assessment-Initiierung

WORUM GEHT ES?

Die Phase der Assessment-Initiierung ist die erste und sehr wichtige Phase innerhalb eines Prozess-Assessments. Der Großteil der darin definierten Aktivitäten erfolgt in Zusammenarbeit zwischen Mitarbeitern der Organisation, welche sich dem Assessment unterziehen will, und dem Assessment-Teamleiter vor Ort.

WIE GEHE ICH VOR?

4.2.1 Grundinformationen einholen

1. Fragenliste versenden

Nach Anforderung (Bestellung) eines Assessments durch eine Organisation (bzw. durch eine Organisationseinheit) erfolgt als erste Aktivität im Rahmen der Assessment-Initiierung die Aussendung eines *Pre-Assessment Questionnaire (PAQ)* an den Assessment-Sponsor durch den Assessment-Teamleiter.

Die darin enthaltenen Fragen dienen zur Ermittlung von Eckdaten über die Organisation (z.B. Geschäftsdaten zur Organisation, Produkte, Projekte, Erfahrung mit Prozessen etc.) sowie der Assessment-Ziele.

PAQ

Diese Aktivität, Ausfüllen eines *Pre-Assessment Questionnaires,* ist in erster Linie anzuwenden, wenn das Prozess-Assessment durch Externe durchgeführt wird, und entfällt bei der Durchführung des Assessments durch eigene Mitarbeiter.

2. Termine festlegen

In Absprache mit der Organisation werden vorerst nur die groben Eck-Termine abgestimmt: für den Erstbesuch, eine Rahmenzeit für die Durchführung des Assessments und ein Termin für die Berichterstattung.

3. Lokalen Assessment-Koordinator (LAK) ernennen

In der Praxis hat sich zur Durchführung von größeren Assessments, die einige Tage bis zu mehreren Wochen dauern, die Ernennung eines Lokalen Assessment-Koordinators (LAK, Mitarbeiter der zu assessierenden Organisation) bezahlt gemacht. Der LAK fungiert als Schnittstelle zwischen dem Assessment-Teamleiter und dem Sponsor (ist auch von diesem zu ernennen). Dieser unterstützt sowohl den Sponsor als auch den Assessment-Teamleiter bei der Erarbeitung der notwendigen Inputs für das Prozess-Assessment.

4.2.2 Initial Visit durchführen

Initial Visit (Erstbesuch)

Die nun folgenden Aktivitäten sollten sinnvollerweise im Rahmen eines sogenannten Initial Visits – Erstbesuch des Assessment-Teamleiters in der Organisation, in welcher das Assessment stattfindet – durchgeführt werden.
Bei diesem geht es darum, die Punkte, die im PAQ angeführt sind, abzuklären, und um vor allem ein „Gefühl" für die Organisation und die zu bewertenden Prozesse zu bekommen. Da nach wie vor sehr viele Punkte am besten persönlich (*Face to Face, F2F*) übermittelt werden.
Die dazu notwendigen Gespräche sollten (zum Großteil) zwischen dem LAK, dem Sponsor und dem Assessment-Teamleiter stattfinden.

1. Assessment-Zweck und -Ziele definieren

Der Zweck und die Ziele eines Assessments sind vom Assessment-Teamleiter in Zusammenarbeit mit dem Sponsor abzuklären. Zweck und Ziel könnten z. B. folgendermaßen lauten:

Der **Zweck** des Assessments ist, die Methode der Prozessbewertung basierend auf SPiCE an zwei Prozessen in Form von je zwei Prozessinstanzen kennenzulernen, und um basierend auf den Ergebnissen dieses Assessments Möglichkeiten zur Prozessverbesserung zu erhalten.

Das **Ziel** des Assessments ist: Bestimmung des Status quo der Prozesse („Standortüberprüfung").

2. Zugriffe und Zutritte regeln

Dies erfolgt am besten in Form einer Vertraulichkeitserklärung (*Confidentiality Agreement*), worin diese Thematik und damit verbundene Geheimhaltungen geregelt werden.

3. Zu bewertende Prozesse festlegen

Bei dieser Aktivität geht es darum, die zu bewertenden Prozesse der Organisation (z.B. Projektmanagement, Anforderungsanalyse, Qualitätssicherung etc.) in Absprache mit dem Sponsor festzulegen. Die zu bewertenden Prozesse werden zumeist durch die Organisation selbst bestimmt. Sie können bei Bedarf auch in Diskussion mit dem Assessment-Teamleiter definiert werden.

4. Prozessinstanzen festlegen

Bei dieser Aktivität geht es darum, die Prozessinstanzen, in Form derer die zu bewertenden Prozesse der Organisation angewendet werden, festzulegen. Zum Beispiel wird der Prozess „Qualitätssicherung" in dem Projekt XY angewendet, d.h., der Prozess ist schwerpunktmäßig nicht in Form seiner theoretischen Beschreibung, sondern in Form seiner Anwendung nämlich im Projekt XY zu bewerten.

Anzahl und Arten von Prozessinstanzen

Es sind für die Bewertung eines Prozesses mindestens zwei Prozessinstanzen auszuwählen, d.h. also für:

- Projektorientierte Organisationen: Projekte, in denen die zu „assessierenden Prozesse" angewendet werden.
- Dienstleistungsorientierte Organisationen: z.B. Geschäftsfälle zur Abwicklung einer Dienstleistung, in denen die zu „assessierenden Prozesse" angewendet werden.
- Produktorientierte Organisationen: ein Produktbeispiel, für welches zu dessen Entwicklung die zu „assessierenden Prozesse" angewendet werden.

Repräsentative Prozessinstanzen

Es sind dabei die für die Organisation repräsentativen Prozessinstanzen festzulegen und nicht solche, welche die neuesten Methoden, Techniken bzw. die besten Mitarbeiter binden, da diese keinen repräsentativen Querschnitt bilden. Diese Wahl ist natürlich dann zulässig, wenn dies vom Sponsor ausdrücklich als Zweck des Assessments vorgegeben wird.

Die Prozessinstanzen sind in vor allem für die Bewertung der beiden ersten Fähigkeitsstufen (CL1 und CL2) von Prozessen wichtig. Für die höheren Capability Level (CL3, CL4, CL5) sind noch zusätzliche Dokumente zur Bewertung dieser vorzulegen, welche den Standardprozess, die Messung und die Verbesserung von Prozessen beschreiben.

Dokumente für Level 3 für PM

Zur Bewertung des Levels 3 für den Projektmanagementprozess hat sich der Assessor für die Bewertung des Prozessattributes *PA3.1 – Process Definition*den von der Organisation standardisierten Prozess „Projektmanagement“ nur einmal anzusehen, da er als Standard für alle Prozessinstanzen zu gelten hat.
Ob dies tatsächlich auch so gelebt wird, ist dann durch den Assessor in Form des Prozessattributes *PA3.2 – Process Deployment* für alle Prozessinstanzen zu überprüfen. Mit diesem wird die projektspezifische Anpassung des Projektmanagementprozesses überprüft.

5. *Zielwerte für die Capability Level festlegen*

Bei dieser Aktivität geht es darum, Zielwerte für die Fähigkeitsstufen (*CL-Targets*) der einzelnen Prozesse festzulegen, d.h. die Werte, bis zu denen die Befragung und Bewertung im Rahmen eines Prozess-Assessments zu erfolgen hat.

Diese Aktivität ist vor allem für die nachfolgende Phase der Assessment-Planung wichtig, da es einen wesentlichen Unterschied macht, ob beispielsweise für den Projektmanagementprozess der Zielwert für die Fähigkeitsstufe, bis zu der die Bewertung erfolgen soll, „CL2“ oder „CL4“ ist, da die Bewertung in Form von Interviews bzw. Dokumentenprüfung viel umfangreicher wird, je höher der Zielwert ist.

Wird das CL-Target nicht durch die Organisation vorgegeben, da man mit dem Modell SPiCE als Grundlage zur Prozessbewertung zu wenig vertraut ist, so kann der Assessment-Teamleiter dieses auch im gemeinsamen Gespräch mit Prozesseignern oder Prozessanwendern herausfinden, wie das folgende Beispiel für den Projektmanagementprozess zeigt.

Ermittlung des CL-Targets für den Projektmanagementprozess

- Wie erfolgt in Ihrer Organisation die Planung, Überwachung und Steuerung von Projekten? (Information für CL1)
- Wie und in welcher Form erfolgt das Management des Prozesses? Gibt es z.B. ein Arbeitspaket für den „Projektmanagementprozess" im Rahmen seiner Anwendung in einem Projekt? (Information für CL2)
- Ist das Projektmanagement in Ihrer Organisation standardisiert, inklusive Anpassungsrichtlinien, und gibt es zu diesem Prozess auch Prozesskennzahlen, z.B. Milestonedrift (zeitliche Abweichung)? (Information für CL3)
- Werden diese Prozesskennzahlen von den strategischen Zielen Ihrer Organisation abgeleitet und werden die Auswertungen dieser zur Prozesssteuerung verwendet? (Information für CL4)
- Gibt es ein proaktives Management für Prozessverbesserungen bzw. Prozessinnovationen? (Information für CL5)

6. *Zu bewertende Prozesse zu Prozessen eines Prozess-Assessment-Modells mappen*

WORUM GEHT ES?

Eine wichtige und oft schwierige Aktivität innerhalb der Assessment-Initiierung ist das sogenannte *process mapping*. Dabei sucht man für die zu bewertenden Prozesse der Organisation in vorhandenen ISO/IEC-15504-kompatiblen Prozess-Assessment-Modellen nach Prozessen, welche durch den „gleichen Zweck (und die gleichen Ergebnisse)" charakterisiert sind, um so mit diesen eine Bewertung der zu bewertenden Prozesse der Organisation durchführen zu können.

WIE GEHE ICH VOR?

Bevor die ISO/IEC-15504-kompatiblen Prozessmodelle nach Prozessen durchsucht werden, die den zu bewertenden Prozessen entsprechen, muss sich zuerst der Assessment-Teamleiter mit den zu bewertenden Prozessen näher auseinandersetzen: durch Studium der Prozessdokumentation und durch Diskussion mit Prozessexperten und Prozessanwendern. Zu beachten ist, dass die zu bewertenden Prozesse zumeist nicht die gleichen Namen, wie in einem Prozess-Assessment-Modell angeführt, haben werden.

Im Weiteren kann z. B. der Fall sein, dass eine Organisation den Prozess „Entwicklung“ bewerten lassen will, und sich dann im Zuge des Prozessstudiums herausstellt, dass sich dieser aus mehreren Prozessen des Prozess-Assessment-Modells zusammensetzt, z. B. aus den Prozessen „Anforderungsanalyse, Softwaredesign, Softwarekonstruktion und Test“. In diesem Fall sind dann die entsprechenden Prozesse des Prozess-Assessment-Modells zur Bewertung dieses Prozesses heranzuziehen, d. h., alle bei den Prozessen angeführten Basispraktiken sind anzuwenden. Diese Erkenntnis hat natürlich einen wesentlichen Einfluss auf die Dauer des Assessments, da in diesem Fall nicht ein Prozess in Form von zwei Prozessinstanzen bewertet wird, sondern drei bis vier Prozesse im Rahmen von je zwei Prozessinstanzen. Dies bedeutet dann ca. den vierfachen Assessment-Aufwand.

Bild 12 zeigt beispielhaft zu bewertende Prozesse einer Organisation (im Bild die Prozesse A, B und C), die Prozessen des im Teil 5 des ISO/IEC-15504-Standards (also dem Assessment-Modell der IT-Industrie) zuordenbar sind.

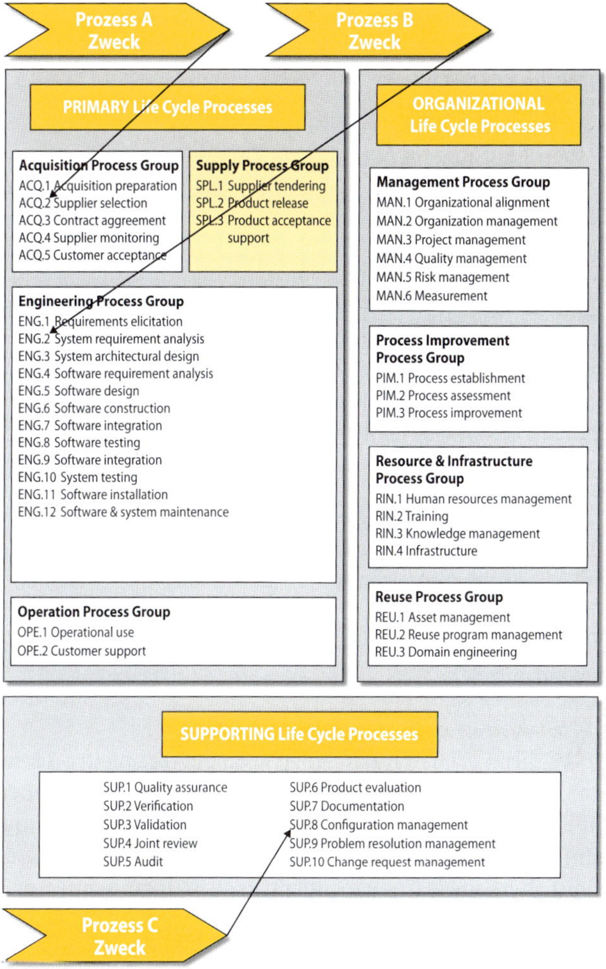

Bild 12: *Process mapping*

7. Einschränkungen und Risiken identifizieren

Diese sind gemeinsam mit dem Sponsor zu identifizieren. Diese könnten sein:

- Für Einschränkungen, z.B. Verfügbarkeit von Ressourcen, Zeitplan, Sprache, beschränkte Zutritte etc.
- Für Risiken, z.B. Wechsel im Management der Organisation etc.

8. Assessment-Team auswählen

Dieses erfolgt durch den Assessment-Teamleiter unter Berücksichtigung des erforderlichen fachlichen Know-hows, welches durch die zu bewertenden Prozesse vorgegeben ist. Die Mitglieder dieses Teams sind jedoch umgehend dem Sponsor des Assessments mitzuteilen, um eventuelle Vorbehalte rechtzeitig klären zu können.

9. Teilnehmer der Organisation auswählen

Die am Assessment Teilnehmenden der Organisation sind vom Sponsor gemeinsam mit dem Lokalen Assessment-Koordinator auszuwählen. Diese sollen einen repräsentativen Querschnitt von Prozessanwendern und Prozessexperten darstellen.

10. Verantwortlichkeiten festlegen

Bei dieser Aktivität hat der Assessment-Teamleiter die im Standard ISO/IEC 15504 geforderten Verantwortlichkeiten für die einzelnen Rollen im Assessment dem Sponsor und dem LAK zu kommunizieren, um deren Zustimmung dafür zu erhalten, sowie im Assessment-Plan zu dokumentieren.

11. Assessment-Output spezifizieren

Der Assessment-Teamleiter stellt dem Sponsor die verschiedenen Darstellungsformen für die Ergebnisse von Prozessbewertungen vor. Weiterhin wird noch die Art der Schlusspräsentation festgelegt – vor Sponsor/Management und den Teilnehmern (den Assessierten) gemeinsam oder getrennt.

12. Assessment-Plan-Template besprechen

Bei dieser Aktivität werden die im Assessment-Plan (siehe Beschreibung dazu im Kapitel über die Assessment-Planung) vorgesehenen Punkte durchgesprochen, um so diejenigen Punkte, die nicht im Backoffice der Assessoren behandelt werden können, vorab zu klären.

13. Prozessdokumente verlangen

Bei dieser Aktivität geht es darum, den Sponsor um die Herausgabe von Prozessdokumenten der zu bewertenden Prozesse zu ersuchen, welche zur Vorbereitung auf die Assessment-Durchführung von den Assessoren zu studieren sind. Darunter sind nicht nur die Dokumente, die den Prozess beschreiben, zu verstehen, sondern auch diejenigen Dokumente, die durch den Prozess im Rahmen seiner Anwendung in Prozessinstanzen entstehen (*Output Work Products*).

14. Assessment-Inputs auf Vollständigkeit prüfen und freigeben

Bei dieser Aktivität wird das *Pre-Assessment Questionnaire* auf Vollständigkeit der Antworten geprüft, um gegebenenfalls noch fehlende Teile gemeinsam mit dem Sponsor oder dem LAK zu ergänzen.

Das Gleiche erfolgt mit allen anderen Daten, welche im Zuge des Initial Visits gesammelt wurden und das „Assessment-Initiierungs-File“ bilden. Dieses besteht aus den folgenden Teilen:

- ausgefülltes PAQ,
- Assessment-Plan (erster Teil: Prozesse, Instanzen ...),
- mitgelieferte Prozessdokumentation (soweit herausgegeben).

4.3 Assessment-Planung

WORUM GEHT ES?

Der Zweck der Phase der Assessment-Planung ist, basierend auf dem PAQ die für die Assessment-Durchführung notwendigen Ressourcen, den Zeitplan, den Mechanismus für die Datensammlung und Datenvalidierung sowie den Assessment-Output zu definieren und in Form eines Assessment-Plans zu dokumentieren.

WIE GEHE ICH VOR?

Planungsort

Die Planung des Assessments kann im Backoffice der Assessoren, aber auch im Anschluss an das *Initial Visit*, d.h. in den Räumlichkeiten der Organisation erfolgen, sofern diese zustimmt. Diese Variante trägt sicherlich zu einer Erhöhung der Effizienz bei, da in diesem Fall alle für die Planung notwendigen Personen (bzw. Daten) zur Informationseinholung persönlich verfügbar sind.

1. *Ressourcen und Zeitplan festlegen*

Bei dieser Aktivität erfolgt in Zusammenarbeit von Assessment-Teamleiter und dem LAK die Aufstellung eines detaillierten Zeitplans, in welchem der Zeitrahmen für die einzelnen zu bewertenden Prozesse, die Assessoren sowie die zugeordneten Teilnehmer der Organisation festgelegt werden. Tabelle 7 gibt grobe Richtwerte für die Aufwände in Prozess-Assessments an.

Assessment-Initiierung (Initial Visit + Planung)	Assessment-Durchführung	Assessment-Reporting
1 Tag á 4 Prozesse	Pro Prozess und für eine Prozessinstanz • bis Target CL2: 2 h • bis Target CL3: 3 h • bis Target CL4: 3,5 h • bis Target CL5: 4 h für eine zweite Prozessinstanz werden pro Target-CL ca. 50 % des Aufwandes angesetzt.	1 Tag á 4 Prozesse

Tab. 7: *Beispiel für die Abschätzung des Assessment-Aufwandes*

Die Werte in Tabelle 7 gelten für Prozesse mit einer hohen Komplexität und Wichtigkeit (z.B. für Projektmanagement); diese können bei Prozessen mit geringer Komplexität noch um ca. 50 % nach unten revidiert werden. Eine genauere Abschätzung kann erst im Zuge des Initial Visits, d.h. des Erstbesuches durch den ATL, erfolgen.

2. Datensammlungsmechanismus festlegen

Bei dieser Aktivität wird definiert, welche Arten von Daten bzw. in welcher Form die Sammlung, Aufzeichnung, Analyse und Verdichtung der Assessment-Daten zu erfolgen hat. Diese Punkte hängen sehr stark von der Auswahl eines für die Assessment-Durchführung zu verwendenden Assessment-Tools ab.

Assessment-Tool

Bei dieser Aktivität sollte auch die Festlegung des Tools, welches für das Assessment zur Unterstützung der Dokumentation zu verwenden ist, erfolgen. Mittlerweile gibt es sehr gute Assessment-Tools, welche die Durchführung des Assessments gut unterstützen, da der ganze Standard sowie die dazu notwendigen Bewertungen bis hin zur Generierung des Assessment-Reports elektronisch unterstützt werden.

Folgende Daten können im Zuge des Assessments anfallen und es sollte im Rahmen der Assessment-Planung überlegt und mit den Assessoren besprochen werden, wie mit deren Sichtung, Sammlung und Beitrag zur Bewertung umzugehen ist.

- **Daten aus Interviews** – basierend auf Fragen, welche von den Assessoren „rund um die" Basispraktiken, Arbeitsprodukte und generischen Praktiken gestellt werden.
- **Daten aus der (Prozess-)Dokumentenprüfung** – der Fokus dabei ist auf *Review* und nicht auf „Fehlersuche" zu legen.
- **Daten aus Beobachtungen** – Stimmungsbild, Prozessinfrastruktur. Eindrücke von Tool-Anwendungen, welche im Rahmen der Prozessanwendung eingesetzt werden.
- **Daten von Präsentationen** – z. B. erfolgt die Vorstellung eines Projektes (einer Prozessinstanz) über eine PowerPoint-Präsentation durch den Projektleiter.

Um wiederholbare und konsistente Assessments durchführen zu können, ist auch großer Wert auf eine detaillierte Sammlung von Nachweisen (*objective evidence*) im Rahmen der Assessment-Durchführung zu legen. Aufgrund der praktischen Erfahrungen der Assessoren im Umgang mit Daten, welche im Rahmen eines Assessments als Nachweis der Implementierung von (Basis- oder generischen) Praktiken gesammelt werden, ist eine Präzisierung der Nachweise zu formulieren, d.h., es ist genauer zu spezifizieren, welche Arten von Daten für die jeweiligen Basispraktiken bzw. allgemeinen Praktiken vorliegen sollten.

Eine große Hilfestellung zur Dokumentation der während des Assessments gegebenen Interviewantworten und der überprüften Dokumente kann ein Assessment-Tool bieten.

3. Risiken managen

Bei dieser Aktivität werden in Zusammenarbeit von Sponsor und Assessment-Teamleiter die im Zuge der Assessment-Initiierung bzw. Assessment-Planung identifizierten Risiken analysiert und Maßnahmen zur Minimierung dieser definiert.

4. Assessment-Plan erstellen, prüfen und freigeben

Es ist vom Assessment-Teamleiter basierend auf einem Assessment-Plan-Template der Assessment-Plan zu erstellen. Dieser enthält alle für das Assessment wichtigen Daten aus dem Assessment-Initiierungs-File, den Zeit- und Ressourcenplan sowie die Spezifikation der erforderlichen Assessment-Outputs. Die Prüfung erfolgt durch ein Mitglied des Assessment-Teams, also durch einen Assessor.

Die Freigabe des Assessment-Plans erfolgt durch den Sponsor. Dabei hat sich dieser noch von der Kompetenz der Assessoren zu überzeugen, z.B. in Form von Ausbildung bzw. Referenzprojekten.

5. Assessment-Team instruieren

Dies erfolgt durch den Assessment-Teamleiter, welcher basierend auf dem Assessment-Plan das Assessment-Team über die Vorgehensweise im Assessment instruiert. Im Weiteren erfolgt noch eine Verteilung der Prozessdokumente der zu bewertenden Prozesse der Organisation, sofern diese vorab von der Organisation zur Verfügung gestellt wurden.

6. Prozessdokumente prüfen

Bei dieser Aktivität sind in Vorbereitung auf die Assessment-Durchführung die entsprechenden Prozessdokumente der Organisation zu prüfen. Für dieses Review geht man am besten so vor, dass man das Assessment-Tool nützt (welche die Basispraktiken und die generischen Praktiken für die zu bewertenden Prozesse enthält), um so eine grobe Erstaussage über die Erfüllung der Praktiken in Form der Dokumentation treffen zu können. Die Ergebnisse dieser Prüfung sind zu dokumentieren.

Diese Aktivität sollte auch dazu genützt werden, auftretende Unklarheiten (bzw. Abweichungen) in Form von Fragen für die Durchführung des Assessments vorzubereiten.

7. Briefing-Unterlagen vorbereiten

Vom Assessment-Teamleiter sind Präsentationsfolien für das *Organizational Briefing* der Organisation zu erstellen, welche eine Einführung in das Bewertungsmodell SPiCE und die Aktivitäten zur Durchführung des Assessments beinhalten.

8. *Assessment Readiness Review durchführen*
Bei diesem Review geht es um:

- Die Vorgehensweise der Assessment-Durchführung mit dem Assessment-Team besprechen, um damit eventuell noch offene Punkte zu klären.
- Das Review der für die Assessment-Durchführung notwendigen Checklisten auf Vollständigkeit bzw. Vorbereitung und Abklärung der Anwendung des Assessment-Tools.

4.4 Assessment-Durchführung

WORUM GEHT ES?

Der Zweck der Phase Assessment-Durchführung ist, nach einer kurzen Einführung (*Organizational Briefing*) das Prozess-Assessment in Form von Interviews, Dokumentenprüfung und anschließender Prozessbewertung durchzuführen.

WIE GEHE ICH VOR?

1. *Organizational Briefing durchführen*
Dieses stellt den „Kick-off" für die Phase der Assessment-Durchführung dar. Dabei werden:

- das Assessment-Team,
- der Assessment-Zweck, die Assessment-Ziele,
- das Bewertungsmodell SPiCE,
- der Assessment-Ablauf sowie
- die zu bewertenden Prozesse mit ihren Prozessinstanzen

dem Sponsor, dem LAK und den Assessment-Teilnehmern der Organisation vorgestellt.

2. Interviews durchführen und Dokumente prüfen

Diese im Zuge der Assessment-Durchführung von den Assessoren angewendeten Techniken dienen als Mechanismen der Datensammlung. Die Assessoren stellen den „Assessierten“ Fragen zu den zu bewertenden Prozessen, welche auf den Basis- bzw. generischen Praktiken der Prozesse des Prozess-Assessment-Modells beruhen (das sind die Prozesse, die im *process mapping* ermittelt wurden), bzw. überprüfen die die Prozessanwendung beschreibenden Dokumente, um die Prozessdurchführung und die Prozessfähigkeit bewerten zu können.

Dabei sind jene Dokumente einem Review zu unterziehen, die vorab von der Organisation nicht zur Verfügung gestellt wurden, bzw. jene, die zwar zur Verfügung gestellt wurden, wo jedoch noch Fragen zu beantworten sind. Bei diesem Review gelten wieder die Regeln, die schon in der Vorabprüfung der Dokumente (in der Phase „Assessment-Planung“) beschrieben wurden. Die Dokumentenprüfung sollte auf jeden Fall im Kontext mit den Ergebnissen der Interviews gesehen werden. Es geht um einen Gesamteindruck.

Interview-Agenda

- **Eröffnung** – der Assessment-Teamleiter erklärt kurz den Zweck des Interviews und der Dokumentenprüfung.
- **Einleitende Fragen**, zur Prozessübersicht.
  - *Um den Prozesszweck und die Prozessergebnisse zu verstehen (z.B.: „Was ist der Zweck des Prozesses aus Ihrer Sicht für die Anwendung?“).*
  - *Prozessumfang (-abgrenzung). Was enthält der Prozess und was nicht?*

- **Fragen**, welche sich an den Basispraktiken, den Arbeitsprodukten und den Fähigkeitsindikatoren des Prozesses orientieren.
  - *Was wird ausgeführt, wie und von wem?*
  - *Welche Prozessattribute werden ausgeführt, wie und von wem?*
  - *Was ist aus der Dokumentenprüfung, welche vorab von den Assessoren (während der Assessment-Planung) durchgeführt wurde, zu hinterfragen?*

Freie Fragen, diese ergeben sich im Zuge des Gespräches und können auch vom Prozess entkoppelt sein.

Abschließende Fragen, d.h.: Was interessiert die Assessoren noch und wurde noch nicht gefragt?

Abschluss – die Assessoren bedanken sich für die Zeit und die Diskussion, die ihnen die Teilnehmer zur Verfügung standen, und verabschieden sich.

3. Nachweisreferenzen dokumentieren

Die während des Assessments gesammelten Nachweise, auf denen die Assessment-Daten basieren, d.h. Interviews, Dokumentenprüfungen, Beobachtungen etc., müssen referenziert werden. Diese Nachweisführung sollte mit einem Assessment-Tool erfolgen oder, wenn nicht vorhanden, auf dafür vorbereiteten Assessment-Notes (diese sind, wenn nicht elektronisch basierend, händisch auszufüllen). Diese Assessment-Aufzeichnungen bilden einen wesentlichen Input für den Assessment-Bericht, sie müssen ausreichen, damit der Assessment-Zweck und die Assessment-Ziele erreicht werden.

Nachweisdokumente für Projektmanagement

Für die Bewertung von Level 1 und Level 2:

- Projekthandbuch
- Projektplan
- Projektfortschrittsberichte
- Meeting-Protokolle
- Konfigurationsplan

Für die Bewertung von Level 3 bis 5:

- Dokumentierter Standardprozess
- Kennzahlen-Repository
- Balanced Scorecard Report
- Vision Report

Für die Vorbereitung des Assessments (im Zuge der Assessment-Planung) ist es zumeist ausreichend, sich in die Nachweisdokumente für Level 1, Level 2 und den Standardprozess einzuarbeiten und die anderen Dokumente erst vor Ort zu studieren.

Nachweissammlung

- Es müssen nicht alle Basispraktiken (BPs) in dem Prozess, welcher assessiert wird, vorhanden sein.

Manche davon können auch durch andere Prozesse abgedeckt werden. Zum Beispiel im Projektmanagementprozess des PAM der ISO/IEC 15504-5 verlangt die Basispraktik MAN3.BP3 „bewerte die Machbarkeit des Projektes" – diese könnte z.B. in einer Organisation durch Anwendung des Prozesses „Vertrieb" im Rahmen der Erstellung des Angebotes abgedeckt worden sein. Diese Basispraktik ist dann sehr wohl für den Projektmanagementprozess als erreicht zu bezeichnen.

- Es wird auch der Fall sein, dass mehrere Basispraktiken durch eine Aktivität des zu bewertenden Prozesses abgedeckt werden.
- Bei den generischen Praktiken (GPs) ist darauf zu achten, ob diese nicht durch Basispraktiken eines assoziierten Prozesses abgedeckt werden, z.B. verlangt GP 2.1.3 des Prozessattributes PA2.1 „überwache und lenke die Prozessausführung". Diese könnte z.B. durch den Projektmanagementprozess in der Prozessinstanz abgedeckt werden.

Die Teilnehmer der Organisation („die Assessierten") sollen beschreiben, wie die Arbeit durchgeführt wird. Es ist auf ihre Antworten zu hören und ihr Wissen bzw. ihre Verbesserungsideen sind zu achten (sie wenden den Prozess täglich an!).

4. Daten validieren

Im Zuge der Vollständigkeitsprüfung der Daten, d. h., gibt es genügend Nachweise zur Bewertung der Prozessdurchführung und der Prozessfähigkeit für einen zu bewertenden Prozess, könnte ein Mangel an Daten festgestellt werden. In diesem Fall muss der Assessor entsprechende ihm noch fehlende Nachweise verlangen („Nachhaken des Assessors").

Der Zweck dieser Aktivität ist also, sicherzustellen, dass die gesammelten Assessment-Daten folgende Eigenschaften aufweisen:

- **Genau** – es gilt die Prozesse so zu bewerten, wie diese heute sind, und nicht, wie diese sein könnten oder in Zukunft sein werden.
- **Erhärtet** – eine Information stammt aus zwei Quellen:

- Für die Erreichung der Fähigkeitsstufe 1 sollte eine Information (zum Nachweis der Erfüllung einer Basispraktik) durch ein Arbeitsprodukt (wenn ein solches als Input oder Output für die Basispraktik dient – direktes Artefakt) und eine mündliche Bestätigung dazu (es reicht dazu auch die Antwort aus einem Interview, welches auf die Erfüllung der Basispraktik Bezug nimmt) belegt werden.
  Ist kein Arbeitsprodukt mit der Erfüllung einer Basispraktik in Zusammenhang zu setzen, so sind zur Nachweisführung der Erreichung der Basispraktik zwei Prozessanwender zu befragen oder ein Prozessanwender und ein indirektes Artefakt (kann z.B. ein Protokoll sein, welches sich auf eine Aktivität bezieht, die mit der Basispraktik in Zusammenhang steht).
- Für die Erreichung der generischen Praktiken (also von der Fähigkeitsstufe 2 bis zu der Fähigkeitsstufe 5) ist es erforderlich, dass die Informationen, die als Nachweise der Erreichung der Prozessattribute dienen, durch direkte und indirekte Artefakte (oder anstatt eines indirekten Artefaktes durch eine mündliche Bestätigung des Befragten) belegt werden.

▶ **Konsistent** – ein und dieselbe Information, welche zu einer bestimmten Bewertung eines Indikators führte, kann nicht in einem anderen Zusammenhang zu einer völlig anderen Bewertung führen.

Bewertung der Nachweise

Diese Nachweise sollten in einem Gesamtzusammenhang gesehen werden. Da bei der Anwendung der zu bewertenden Prozesse z.B. in Form von kleinen Projekten, die Nachweise in Form von Artefakten nie die Dimension wie bei Großprojekten annehmen werden. Daher können für diesen Punkt keine allgemeingültigen Regeln (in Form von „Muss") erstellt werden. Die Bewertung der Nachweisführung hängt letztendlich sehr von der Kompetenz und der Erfahrung der Assessoren ab.

Assessment-Abbruch für einen Prozess

Stellt sich im Zuge des Interviews bzw. der Dokumentenprüfung heraus, dass man aufgrund der sich abzeichnenden Ergebnisse bei einem zu bewertenden Prozess bei Weitem nicht den vorgegebenen Zielwert für eine Fähigkeitsstufe (Target-CL) erreichen wird, so ist dies umgehend dem Sponsor zu berichten und zu diskutieren, ob es für diesen Prozess gegenständlich noch Sinn macht, weiter zu bewerten, oder ob man nicht die Assessment-Durchführung für diesen Prozess in dieser Prozessinstanz abbrechen sollte.

5. *Assessorenbesprechung und Feedback Meeting durchführen*

Dieses sollte am Ende eines jeden Assessment-Tages und vor allem auch bei größeren Assessment-Teams durchgeführt werden. Dabei berichtet ein jeder der Assessoren dem Assessment-Teamleiter über das Assessment und die dabei gewonnenen Eindrücke.

Im Weiteren sollten die Eindrücke und Erstaussagen zu einer Bewertung kurz mit dem Sponsor durchgesprochen werden (*wrap up*). Dieses Gespräch soll auch dazu dienen, etwaige Änderungen im Assessment anzusprechen bzw. die noch verbleibenden Risiken neu zu bewerten.

6. Prozessattribute bewerten und CL ermitteln

Der Zweck dieser Aktivität ist, die Erfüllung der Prozessattribute bzw. der Fähigkeitsstufen der assessierten Prozesse bis zu den im Assessment-Plan definierten Zielwerten (Target-CL) zu bewerten.

Die Bewertung erfolgt nach der Validierung der Daten am Ende eines jeden Assessment-Tages für die an diesem Tag bewerteten Prozesse durch Konsensbildung im Assessment-Team. Es ist für jedes Prozessattribut, eines jeden Prozesses, eine klare Begründung für die Bewertung anzugeben (*rating justification*). Tabelle 8 zeigt ein Beispiel einer Bewertung und deren Begründung der einzelnen Basispraktiken (also für die Erreichung des CL1) des Prozesses „Software Requirements Analysis", welcher im PAM der ISO/IEC 15504-5 definiert ist.

ENG.4	**Software Requirements Analysis**
PA1.1 (P, 50 %)	Prozessdurchführung
ENG.4.BP1 (P)	Die Anforderungen sind nicht einfach herauszufiltern, da das Pflichtenheft mit dem Designdokument kombiniert ist (Dok.Referenz: ...).
ENG.4.BP3 (P)	Es wurde nur die Testbarkeit der Anforderungen untersucht.
ENG.4.BP4 (N)	Geänderte und neue Anforderungen sind nicht hervorgehoben (nur identifizierbar über den Vergleich der Dokumentversionen des Pflichtenhefts). Es wurde auch keine „Impact"-Analyse durchgeführt.
ENG.4.BP5 (N)	Es gibt keine „Traceability-Matrix" der SW-Anforderungen zu den Systemanforderungen.

Tab. 8: *Beispiel für eine Bewertung des Prozessattributes PA1.1 für den Prozess „Softwareanforderungsanalyse"*

Bewertung der CL-Erfüllung

Für CL1: Den Nachweis der Erreichung dieser Fähigkeitsstufe bildet die Erfüllung der Basispraktiken.

Dazu werden die Basispraktiken gewichtet, d.h., es wird die Anzahl der im zugeordneten PAM-Prozess definierten Basispraktiken auf 100 % bezogen, z.B. bei fünf Basispraktiken wird jeder Basispraktik ein Gewicht von 20 % zugeordnet.

Diese Basispraktiken sind nun gemäß der „NPLF-Skala" zu bewerten. Das Ergebnis dieser Bewertung der Basispraktiken ist dann jeweils mit dem Gewicht, in diesem Beispiel also mit 20 % (0,2), zu multiplizieren.

Dazu das folgende Beispiel: Werden von fünf Basispraktiken eines zu bewertenden Prozesses drei Basispraktiken mit **L**argely (zu je 70 %) und zwei Basispraktiken mit Partially (zu je 40 %) erfüllt, so ergibt dies $(3 \cdot 0{,}2 \cdot 0{,}7) + (2 \cdot 0{,}2 \cdot 0{,}4) = 0{,}58$ oder 58 %, d.h., der Erfüllungsgrad für das Prozessattribut PA1.1 (und damit auch für die Fähigkeitsstufe 1) ist **L**argely.

Schreibweise: PA1.1 = **L** (58 %); d.h., in Klammer ist die erreichte Prozentzahl anzuführen.

Für CL2 bis CL5: Die gleiche Regel kann auch für die Ermittlung des Erfüllungsgrades der Prozessattribute PA2.1 bis PA5.2 angewendet werden.

Hier ist die Anzahl der generischen Praktiken auf 100 % zu beziehen, um so die Gewichtung für die einzelnen Indikatoren zu bekommen. Die einzelnen Indikatoren (GPs) sind dann wieder gemäß der „NPLF-Skala" zu bewerten.

Beachte:

Diese Vorgehensweise zur Bewertung ist nur ein Vorschlag und es kann durchaus eine andere von den Assessoren gewählt werden. Die Bewertungsregeln (d.h. die Gewichte für die Praktiken) sind auf jeden Fall im Assessment-Bericht anzuführen.

Wird ein Prozess mehrfach in Form der Anwendung im Rahmen von Prozessinstanzen bewertet, so sind die Assessoren gefordert, die Ergebnisse der einzelnen Prozessinstanzen genauestens durchzusehen, um so ein gesamtes Bild des Prozesses zu bekommen. Stellen sich während eines Assessments eines Prozesses in Form von zwei Prozessinstanzen große Unterschiede in der Bewertung heraus, so ist mit dem Sponsor abzustimmen, ob es nicht Sinn macht, noch weitere Instanzen zu assessieren, da ansonsten eine Gesamtaussage zu dem Prozess (also instanzenübergreifend) schwer möglich sein wird.

4.5 Assessment-Reporting

WORUM GEHT ES?

Der Zweck der Phase Assessment-Reporting ist, die validierten Assessment-Ergebnisse in Form von Stärken/Schwächen und Prozessprofilen in Form eines Assessment-Reports zu dokumentieren.

WIE GEHE ICH VOR?

1. Prozessprofile erstellen

Die Aktivität, Prozessprofile erstellen, ist bereits Teil der Assessment-Durchführung. Allerdings geht es hier auch um die gemeinsame Darstellung aller Profile und die gemeinsame Durchsicht und Diskussion dieser (ist vor allem für größere Teams wichtig).

Das Erreichen der Prozessfähigkeit wird in Form von sogenannten **Prozessprofilen** dargestellt, wobei man folgende zwei Arten der Darstellung unterscheidet:

- Fähigkeitsstufenprofil,
- Prozessattributsprofil.

Fähigkeitsstufenprofil (**CL-Profil**)

Bild 13 zeigt ein Beispiel eines Fähigkeitsstufenprofils für verschiedene bewertete Prozesse. Die Bewertung, welchen Capability Level ein Prozess erreicht, erfolgt basierend auf den Bewertungen der einzelnen Prozessattribute gemäß den Regeln, die in Tabelle 4 angeführt sind.

Die Zielgruppe für dieses Prozessprofil sind das Management, Prozesseigner, Prozessmanager, Prozessexperten.

Vorteile dieser Darstellung:

- Gibt einen raschen Überblick über die erreichten Fähigkeitsstufen der bewerteten Prozesse.
- Leicht verständlich.

Nachteil dieser Darstellung:

- Gibt keine detaillierten Informationen über den Erreichungsgrad der einzelnen Prozessattribute.

P-ID	Prozessname	Capability Level 1 performed	Capability Level 2 managed	Capability Level 3 established	Capability Level 4 predictable	Capability Level 5 optimizing
ENG. 1	Requirements Elicitation		CL2			
ENG. 4	Software Requirements Analysis				CL4	
SUP. 1	Quality Assurance			CL3		
MAN. 3	Project Management	CL1				
RIN.1	Human Resources Management					

Bild 13: *Beispiel für ein CL-Profil*

Prozessattributsprofil (PA-Profil)

Bild 14 zeigt ein Beispiel eines Prozessattributsprofils für verschiedene bewertete Prozesse. Dabei wird der Erfüllungsgrad der Erreichung der Prozessattribute angeführt (gemäß den Regeln aus Tabelle 3).

Die Zielgruppe für dieses Prozessprofil sind Prozesseigner, Prozessmanager, Prozessexperten, Prozessanwender.

Vorteile dieser Darstellung:

- Gibt einen detaillierten Überblick über die erreichten Prozessattribute (inklusive deren Erreichungsgrad) der bewerteten Prozesse.
- Liefert erste Informationen über Stärken/Schwächen der erreichten Prozessattribute durch die Angabe des Erreichungsgrades.

Nachteil dieser Darstellung:

- Es ist ein detailliertes Wissen über das Bewertungsmodell erforderlich.

Die Darstellung der Prozessattributsprofile in Bild 14 dient auch der Veranschaulichung, dass bei nach SPiCE erfolgten Prozessbewertungen nicht die Bewertung der Prozessfähigkeitsstufen (Bild 13) das primäre Ziel der Darstellung ist, sondern die der Prozessattribute. Dies ist darin begründet, dass eine bestimmte Fähigkeitsstufe erst dann als erreicht gilt, wenn alle Prozessattribute der niedrigeren Fähigkeitsstufen „Vollständig erreicht" (***Fully** achieved*, **F**) sind.

Es kann nun durchaus der Fall eintreten, dass die Prozessattribute PA1.1 mit *Fully* und PA2.1 bis PA3.2 mit *Partially* bewertet wurden, die damit erreichte Fähigkeitsstufe ist aber trotzdem nur 1 (CL1).

P-ID	Prozessname	PA1.1-Prozess-durchführung	PA2.1-Prozess-planung	PA2.2-Resultate/Arbeitsergebnisse	PA3.1-Prozess-definition	PA3.2-Prozess-entwicklung	PA4.1-Prozess-messung	PA4.2-Prozess-steuerung	PA5.1-Prozess-innovation	PA5.2-Prozess-optimierung
ENG. 1	Requirements Elicitation	F (100 %)	F (90 %)	F (90 %)	L (60 %)	L (60 %)	P (30 %)	P (20 %)	?	?
ENG. 4	Software Requirements Analysis	F (100 %)	F (100 %)	F (90 %)	P (45 %)	P (45 %)	N (10 %)	N (0 %)	?	?
SUP. 1	Quality Assurance	F (100 %)	F (100 %)	F (90 %)	N (10 %)	N (10 %)	?	?	?	?
MAN. 3	Project Management	F (100 %)	F (100 %)	F (90 %)	P	P	?	?	?	?
RIN.1	Human Resources Management	F (100 %)	L (75 %)	L (75 %)	N (0 %)	N (0 %)	?	?	?	?

F	vollständig erreicht
L	großteils erreicht
P	teilweise erreicht
N	nicht erreicht
?	nicht bewertet

Bild 14: *Beispiel für ein PA-Profil*

Die gleiche Fähigkeitsstufe wird aber auch erreicht, wenn die Prozessattribute PA1.1 mit *Fully* und PA2.1 bis PA3.2 mit *Not* bewertet wurden.

Dieser Unterschied ist jedoch fundamental für den Umfang einer Prozessverbesserungsinitiative, da ja im ersten Beispiel schon grundlegende Arbeiten für die Erreichung der Level 2 und 3 vorliegen, was im zweiten Beispiel nicht der Fall ist.

2. Assessment-Report erstellen und prüfen

Die Erstellung des Assessment-Reports erfolgt basierend auf einem Assessment-Report-Template normalerweise im Backoffice der Assessoren. Der Assessment-Report sollte die folgenden Kapitel beinhalten:

1. Stärken und Schwächen

Welche sich aus der Bewertung der einzelnen Prozesse ergeben und „prozessübergreifend" zusammengefasst werden sollten, z. B. als festgestellte Schwäche: „Es fehlt die klare Zuweisung von Rollen zu den einzelnen Prozessaktivitäten."

Die Stärken und Schwächen müssen nicht gleich gewichtet werden, d. h., wenn es eine größere Anzahl von Schwächen als von Stärken gibt, dann sollte dies auch so dargestellt werden.

2. Prozessprofile

Welche sich aus der Bewertung der „assessierten Prozesse" ergeben (inklusive der Begründung der Bewertung). Dabei sind für alle bewerteten Prozesse und für alle bewerteten Instanzen sowohl die CL-Profile als auch die PA-Profile darzustellen.

3. Empfehlungen

Diese stellen eine Vorstufe von Verbesserungsmaßnahmen dar und sind allgemein zu formulieren.

3. Assessment-Report mit Projektleiter/Produktmanager und Sponsor besprechen

Eine Vorabversion des Assessment-Reports sollte mit dem Projektleiter (den Projektleitern)/Produktmanager (den Produktmanagern) und dem Sponsor besprochen werden, also mit jenen, die für die Prozessinstanzen, im Rahmen derer die bewerteten Prozesse angewendet werden, verantwortlich sind, um so eventuelle Missverständnisse auszuräumen.

4. Assessment-Feedback einholen

Am Ende der Präsentation der Assessment-Ergebnisse werden der Sponsor sowie die Assessment-Teilnehmer der Organisation ersucht, ein Feedback zum Assessment dem Assessment-Teamleiter zu übermitteln (z.B. in Form eines Feedback-Bogens). Diese sind dann von den Assessoren auszuwerten und sollen der Verbesserung des Prozess-Assessments dienen.

5. Assessment-Aufzeichnungen komplettieren

Hier geht es darum, sämtliche während des Assessments erstellten Unterlagen in einem Ordner bzw. auch in einem File zusammenzustellen, dem Lokalen Assessment-Koordinator zu übermitteln (Umfang wurde bei der Assessment-Initiierung festgelegt) und zu archivieren.

Die Assessor-Logs, auf welchen den Assessoren die Durchführung des Assessments durch den Sponsor bestätigt wird, sind zu vervollständigen.

Literatur

Basili, V./Galdiera, G./Rombach, D.: The Goal Questionnaire Approach, 1994 Encyclopedia of Software engineering, pp. 528–532, John Wiley & Sons, Inc. 1994

Crosby, P.: Quality is free – The Art of Making Quality Certain. McGraw-Hill, 1979

Hörmann, K. et al.: SPICE in der Praxis, dpunkt.verlag, 2006

ISO 9001, 2000: Qualitätsmanagementsysteme, Anforderungen

ISO/IEC 15504-1, 2004: Information Technology – Software Process Assessment – Part 1: Concepts and Vocabulary

ISO/IEC 15504-2, 2003: Information Technology – Process Assessment – Part 2: Performing an Assessment

ISO/IEC 15504-2, 2003: Software Engineering – Process Assessment – Part 2: Performing an Assessment

ISO/IEC 15504-3, 2004: Information Technology – Process Assessment – Part 3: Guidance on Performing an Assessment

ISO/IEC 15504-4, 2004: Information Technology – Process Assessment – Part 4: Guidance on use for process improvement and process capability determination

ISO/IEC 15504-5, 2006: Information Technology – Process Assessment – Part 5: An exemplar Process Assessment Model

ISO/IEC 15939, 2004: Software engineering – Software measurement process.
Einen ISO-Standard gibt es bei den Normungsinstituten

Kaplan, R./Norton, D.: The Balanced Scorecard, Harvard Business School Press, 1996

Kaplan, R./Norton, D.: Strategy Maps, Schäffer-Poeschel, 2004

Loon, H. v.: Process Assessment and ISO/IEC 15504, Springer, 2004

Paulk, M. et al.: The Capability Maturity Model, Addison Wesley, 1995

Wagner, K. W./Dürr, W.: „Strategische Initialzündung" in: Qualität und Zuverlässigkeit, 1/2003, Carl Hanser

Wagner, K. W./Brunner, F. J.: Taschenbuch Qualitätsmanagement, Leitfaden für Ingenieure und Techniker, Carl Hanser 2005

Wagner, K. W.: PQM – Prozessorientiertes Qualitäts-Management, Leitfaden zur Umsetzung der ISO 9001:2000, Carl Hanser 2008

Wagner, K. W./Patzak, G.: Performance Excellence, der Praxisleitfaden zum effektiven Prozessmanagement, Carl Hanser 2007

Anhang: Durchführen eines Assessment-Reports – Beispiel

Dieser Assessment-Report beschreibt die Ergebnisse des (ISO/IEC-15504-)Prozess-Assessments, welches bei der Firma XYZ GmbH Information & Communications in der Organisationseinheit BC Government in der Zentrale von XYZ in Musterstadt durchgeführt wurde.

Das Unternehmen XYZ GmbH Information & Communications wurde 1980 gegründet und beschäftigt mittlerweile 560 Mitarbeiter. Das Unternehmen bietet als herstellerneutrales Beratungs- und Softwareunternehmen kundenspezifische Analysen, individuelle Konzeptionen, standardbasierte herstellerneutrale Lösungen und strukturierte Dienstleistungen.

Im Rahmen des Assessments wurden die Prozesse

- Anforderungsmanagement und
- ÄKD-/Bugfixverfahren

bewertet (Tabelle 9).

Die **Bewertung** für den Prozess **Anforderungsmanagement** ergab einen **Capability Level 3 (CL3)**. Dieser CL3 bedeutet, dass der Prozess „**standardisiert**" ist. Bei dieser Bewertung ist zu betonen, dass es nur mehr einiger Korrekturmaßnahmen bedarf, vor allem im Bereich der Skillbeschreibung und Prozessmessung, um den Capability Level 3 (CL3) mit **Fully (86 bis 100 %)** zu erreichen.

Die **Bewertung** für den Prozess **ÄKD-/Bugfixverfahren** ergab einen **Capability Level 2 (CL2)**. Dieser CL2 bedeutet, dass der Prozess „**managed**" ist. Auch bei dieser Bewertung ist

Prozessname der OE	Name des korrelierenden Assessment-Prozesses (basierend auf dem ISO/IEC 15504 PAM aus Teil 5 des Standards)	Name der Prozessinstanz (pro Prozess zwei)	Dauer (z.B. wenn Instanz ein Projekt ist; in Monaten)	Umfang (z.B. wenn Instanz ein Projekt ist; in Mannmonaten)	Target CL
Anforderungsmanagement	Software Requirements Analysis	ABC-Einfuhr ABC-Ausfuhr	ca. 48 Monate ca. 12 Monate	ca. 1440 MM ca. 72 MM	3
ÄKD-/Bugfixverfahren	Problem Resolution Management	ABC-Einfuhr ABC-Ausfuhr	ca. 48 Monate ca. 12 Monate	ca. 1440 MM ca. 72 MM	3

Tab. 9: *Bewertete Prozesse*

zu betonen, dass es nur mehr einiger Korrekturmaßnahmen bedarf, und zwar vor allem in der Standardisierung eines in der Praxis mittlerweile sehr reifen und bewährten Prozesses, um den Capability Level 3 (CL3) zu erreichen.

Zweck des Assessments:

- Strukturierte Vorgehensweise für eine „Standortbestimmung: Wie gut/fähig sind unsere Prozesse/ist unser Prozess?"
- Teilnahme am GPard (Process Award der Gesellschaft für Prozessmanagement).

Weitere Details siehe Assessment-Plan.

Assessment-Durchführung

Das Organizational Briefing wurde am 29.10.2008 durchgeführt (verwendete Folien für „organizational briefing").

Der Nachweis der Prozessfähigkeit basiert auf:

- ausgefülltem Pre-Assessment Questionnaire, welches allgemeine Informationen über die Organisation, die Organisationseinheit und die zu bewertenden Prozesse enthält;

- Interviews, welche auf Fragen zu den Assessment-Indikatoren der zugrunde liegenden „Assessment-Prozesse" basieren;
- Prüfung der zugehörigen Dokumentation;
- Sammlung von Eindrücken und Beobachtungen.

In den Aufzeichnungen der Assessoren befinden sich die entsprechenden Referenzen. Die Validierung der Daten erfolgte im Assessment-Team im Rahmen der allabendlichen Prozessbewertungen.

Prozessprofile der bewerteten Prozesse

Eckdaten der Prozessinstanzen

Automatisiertes Beschaffungs- und Control-Abwicklungssystem (ABC):

- Automatisierte Abfertigung und Überwachung des EU-Grenzen überschreitenden Warenverkehrs.
- Vollständige Integration der als Insellösung bestehenden IT-Altverfahren.
- Berücksichtigung und Integration internationaler Projekte.
- Zentrale Archivierung und Bereitstellung der Anmeldedaten für Risikoanalyse und Prüfungsdienste.
- Einheitlicher Informationsaustausch mit der am Außenhandel teilnehmenden Wirtschaft.

Projekt ABC-Einfuhr: Dauer ca. 48 Monate; Umfang ca. 1440 Mannmonate.

Projekt ABC-Ausfuhr: Dauer ca. 12 Monate; Umfang ca. 72 Mannmonate.

Capability-Level-Profile (CL-Profile)

Vereinbarter Target CL: CL3.

ÄKD-/Bugfixverfahren – Prozessinstanz ABC-Einfuhr und ABC-Ausfuhr: Das Assessment basierte auf dem Referenzprozess „Problem Resolution Management" des ISO/IEC-15504-Prozess-Assessment-Modells (ISO/IEC 15504 – part 5). Es wurde der Capability Level (die Fähigkeitsstufe): **CL2 – managed** erreicht. Dieses CL-Profil (Bild 15) gilt für beide Prozessinstanzen, d. h. sowohl für das Projekt ABC-Einfuhr als auch für das Projekt ABC-Ausfuhr.

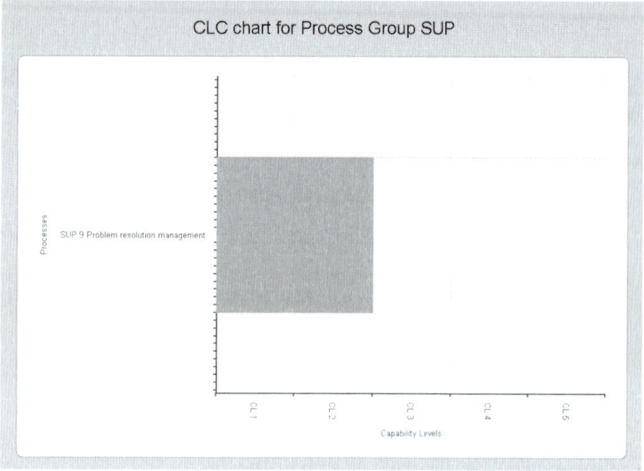

Bild 15: *CL-Profil für ABC-Einfuhr und -Ausfuhr*

Prozessattributsprofile (PA-Profile)

Die Begründung der Bewertungen erfolgt nur bei Prozessattributen (PAs), welche nicht mit 100 % bewertet werden. Es sind daher auch nur jene Basispraktiken bzw. generischen Praktiken angeführt, welche nicht mit **F**(ully) bewertet wurden (Bilder 16 und 17, Tabellen 10 und 11).

Das in Bild 18 dargestellte PA-Profil zum Problemmanagement gilt für beide Prozessinstanzen, d. h. sowohl für das Projekt ABC-Einfuhr als auch für das Projekt ABC-Ausfuhr. Warum?

- Es werden die Basispraktiken (für CL1) für beide Prozessinstanzen gleich gut durchgeführt.
- Die generischen Praktiken (für CL2/CL3) wurden für beide Projekte von demselben Mitarbeiter in derselben Art angewendet.

Tabelle 12 zeigt die entsprechende Begründung der Bewertungen.

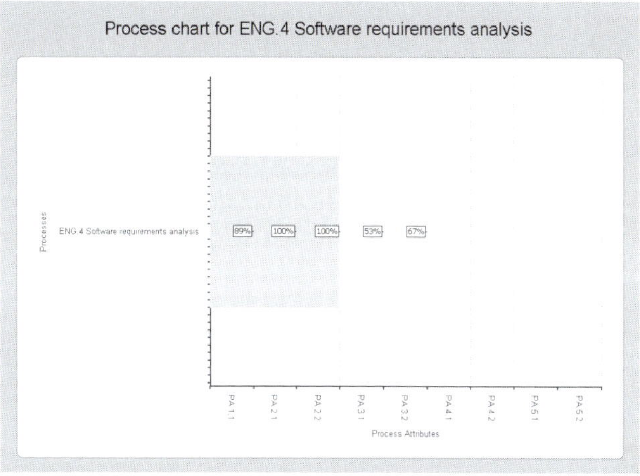

Bild 16: *Anforderungsmanagement – Prozessinstanz ABC-Einfuhr*

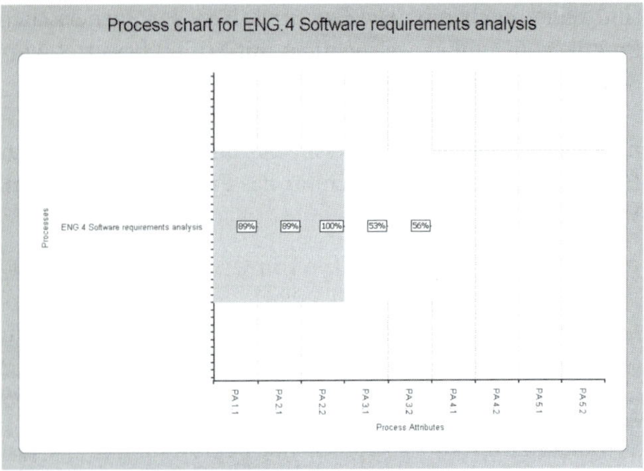

Bild 17: *Anforderungsmanagement – Prozessinstanz ABC-Ausfuhr*

Wahrgenommene Stärken und Schwächen

Stärken

- Die praktische Anwendung von Prozessen.
- Konfiguration und Dokumentenmanagement.
- Die Struktur des webbasierten QM-Systems sowie die Projekthomepages.

Schwächen

- Nachziehen der Prozessstandardisierung sowie notwendige Tailoring Guidelines.
- Prozessziele und Prozesskennzahlen.

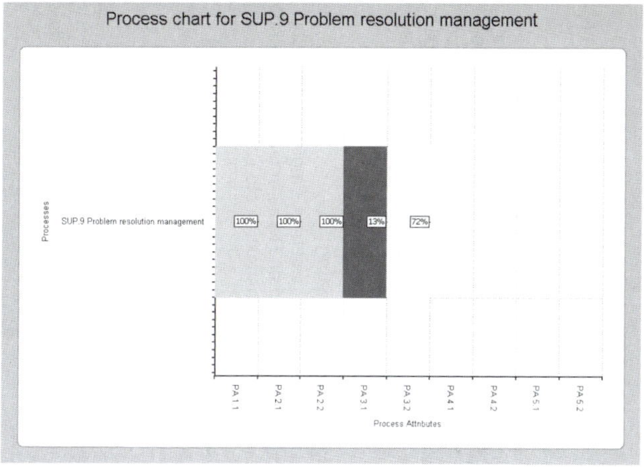

Bild 18: *Problemmanagement – Prozessinstanz ABC-Einfuhr und -Ausfuhr*

Empfehlungen

- Standardisierung des ÄKD-/Bugfixverfahrens.
- Definition von Prozesszielen und Prozesskennzahlen und Nutzung dieser zur Prozesssteuerung.

Einführung einer Skillmatrix (und Aufrechterhaltung dieser) in Projekten und Definition der notwendigen Infrastruktur.

PA1.1	**PA 1.1 Process performance attribute** Das Attribut „Prozessdurchführung“ ist ein Maß dafür, inwieweit der Prozesszweck erreicht wird.
F (89 %)	N P **L** F **ENG.4.BP1 Specify software requirements**. Beispiel: Anwenderforderungen für „freier Verkehr“ (Doc: 48884, Vers. 3.4). Anforderungen mit Nummern und kurzem Text in Tabellenform beschrieben. Gegliedert nach Problembeschreibung und daraus folgender Lösung in Form von Anforderungen. Anforderungen kommen in Reviewteam (dadurch erfolgt eine Art Attributprüfung). Jedoch gibt es zu den einzelnen Requirements keine explizit definierten Attribute (z. B. Risiko, Klarheit, Priorität etc.). Die Attributüberwachung erfolgt implizit über das Team. N P **L** F **ENG.4.BP3 Develop criteria for software testing.** Im Reviewteam wird auf Realisierbarkeit und Testbarkeit geschaut (implizit). Fachliche Anforderungen werden im System getestet. Bei den einzelnen Requirements selbst sind keine Testattribute (z. B. Modultest, Systemtest, Review, Inspektion etc.) angeführt.
PA2.1	**PA 2.1 Performance management attribute** Das Attribut „Management der Prozessdurchführung“ ist ein Maß dafür, inwieweit die Prozessdurchführung gemanagt wird.
F (100 %)	–
PA2.2.	**PA 2.2 Work product management attribute** Das Attribut „Verwalten der Arbeitsprodukte“ ist ein Maß dafür, in welchem Ausmaß die erstellten Arbeitsprodukte des Prozesses gelenkt werden.
F (100 %)	–

Tab. 10: *Begründung der Bewertungen – Anforderungsmanagement: Prozessinstanz ABC-Einfuhr*

PA3.1	**PA 3.1 Process definition attribute** Das Attribut „Prozessdefinition“ ist ein Maß dafür, inwieweit ein Standardprozess gepflegt wird, um den Einsatz eines definierten Prozesses zu unterstützen.
L (53 %)	N P **L** F **GP 3.1.1 Define the standard process that will support the deployment of the defined process.** Der Standardprozess ist beschrieben im Dokument „Projektplanung und -entwicklung“ (QM-System V-08, Vers. 3.4) in Kapitel „4.2 Phase Anforderungsspezifikation“. Prosa-Beschreibung in Tabelle, in dieser gibt es die Prozessaktivitäten in Form von Schritten, Ergebnis; zuständig. Dazu gibt es das Template „Muster Anforderungsspezifikation“ (QM-System D-08.03, Vers. 2.2) und das Template „Checkliste Anforderungsspezifikation“ (QM-System D-08.06, Vers. 2.2). Es gibt jedoch keine Tailoring Guidelines! Der Projektleiter kann nach *project needs* die Schritte im Anforderungsmanagement anpassen, dadurch ist nicht nachvollziehbar, auf welcher Grundlage das Tailoring gegenüber dem Standardprozess erfolgte. N P **L** F **GP 3.1.3 Identify the roles and competencies for performing the standard process.** Rollen: Projektleiter (PL), Projektkoordinator (PK), Qualitätssicherungs-MA (Q-MA), Vertriebsbeauftragter (VB). Die Rolle des VB ist nicht im V97Modell und die Rollen sind im V-Modell etwas anders benannt (es gibt dazu keine Korrelationstabelle). **N** P L F **GP 3.1.4 Identify the required infrastructure and work environment for performing the standard process.** Infrastruktur (Umgebung und Tools) ist nicht definiert; es gibt im VModell97 nur den Hinweis, dass sich der PM um die Infrastruktur zu kümmern hat.

Tab. 10: *Begründung der Bewertungen – Anforderungsmanagement: Prozessinstanz ABC-Einfuhr (Fortsetzung)*

	N **P** L F **GP 3.1.5 Determine suitable methods to monitor the effectiveness and suitability of the standard process.** Es sind keine Prozessziele bzw. Prozesskennzahlen definiert. Es wurde aber ein internes Audit auch zum Anforderungsmanagement durchgeführt (Bericht: 2006-01).
PA3.2	**PA 3.2 Process deployment attribute** Das Attribut „Prozessentwicklung“ ist ein Maß dafür, inwieweit ein Standardprozess wirksam als definierter Prozess eingesetzt wird, um die Prozessergebnisse zu erzielen.
L (67 %)	N P **L** F **GP 3.2.1 Deploy a defined process that satisfies the context specific requirements of the use of the standard process.** Die Prozessschritte, welche angeben sollen, wie der Standardprozess, der im QHB definiert ist, abgeleitet im Projekt angewendet wird, finden sich in verschiedenen Plänen → schwer nachvollziehbar. N **P** L F **GP 3.2.3 Ensure necessary competencies for performing the defined process.** Es gibt keinen Nachweis über den Vergleich/Abgleich zwischen vorhandenen Skills von Mitarbeitern und den *skill needs* von in der Prozessanwendung im Projekt benötigten Rollen (z. B. in Form einer Skillmatrix). **N** P L F **GP 3.2.6 Collect and analyse data about performance of the process to demonstrate its suitability and effectiveness**. Es gibt keine Prozesskennzahlen, daher auch keine Daten.

Tab. 10: *Begründung der Bewertungen – Anforderungsmanagement: Prozessinstanz ABC-Einfuhr (Fortsetzung)*

PA1.1	**PA 1.1 Process performance attribute** Das Attribut „Prozessdurchführung" ist ein Maß dafür, inwieweit der Prozesszweck erreicht wird.
F (89 %)	N P **L** F **ENG.4.BP1 Specify software requirements**. Beispiel: Anwenderforderungen für „freier Verkehr" (Doc: 48884, Vers. 3.4). Anforderungen mit Nummern und kurzem Text in Tabellenform beschrieben. Gegliedert nach Problembeschreibung und daraus folgender Lösung in Form von Anforderungen. Anforderungen kommen in Reviewteam (dadurch erfolgt eine Art Attributprüfung). Jedoch gibt es zu den einzelnen Requirements keine explizit definierten Attribute (z. B. Risiko, Klarheit, Priorität etc.). Die Attributüberwachung erfolgt implizit über das Team. N P **L** F **ENG.4.BP3 Develop criteria for software testing.** Im Reviewteam wird auf Realisierbarkeit und Testbarkeit geschaut (implizit). Fachliche Anforderungen werden im System getestet. Bei den einzelnen Requirements selbst sind keine Testattribute (z. B. Modultest, Systemtest, Review, Inspektion etc.) angeführt.
PA2.1	**PA 2.1 Performance management attribute** Das Attribut „Management der Prozessdurchführung" ist ein Maß dafür, inwieweit die Prozessdurchführung gemanagt wird.
F (89 %)	N **P** L F **GP 2.1.4 Define responsibilities and authorities for performing the process**. Definiert in MS Project (Name zu Rolle). Verantwortlichkeiten sind nicht klar geregelt; nur Summenaufgaben und Projektorganigramm (im PHB).
PA2.2.	**PA 2.2 Work product management attribute** Das Attribut „Verwalten der Arbeitsprodukte" ist ein Maß dafür, in welchem Ausmaß die erstellten Arbeitsprodukte des Prozesses gelenkt werden.

Tab. 11: *Begründung der Bewertungen – Anforderungsmanagement: Prozessinstanz ABC-Ausfuhr*

F (100 %)	–
PA3.1	**PA 3.1 Process definition attribute** Das Attribut „Prozessdefinition“ ist ein Maß dafür, inwieweit ein Standardprozess gepflegt wird, um den Einsatz eines definierten Prozesses zu unterstützen.
L (53 %)	N P **L** F **GP 3.1.1 Define the standard process that will support the deployment of the defined process.** Der Standardprozess ist beschrieben im Dokument „Projektplanung und -entwicklung“ (QM-System V-08, Vers. 3.4) in Kapitel „4.2 Phase Anforderungsspezifikation“. Prosa-Beschreibung in Tabelle, in dieser gibt es die Prozessaktivitäten in Form von Schritten, Ergebnis; zuständig. Dazu gibt es das Template „Muster Anforderungsspezifikation“ (QM-System D-08.03, Vers. 2.2) und das Template „Checkliste Anforderungsspezifikation“ (QM-System D-08.06, Vers. 2.2). Es gibt jedoch keine Tailoring Guidelines! Der Projektleiter kann nach *project needs* die Schritte im Anforderungsmanagement anpassen, dadurch ist nicht nachvollziehbar, auf welcher Grundlage das Tailoring gegenüber dem Standardprozess erfolgte. N P **L** F **GP 3.1.3 Identify the roles and competencies for performing the standard process.** Rollen: Projektleiter (PL), Projektkoordinator (PK), Qualitätssicherungs-MA (Q-MA), Vertriebsbeauftragter (VB). Die Rolle des VB ist nicht im V97Modell und die Rollen sind im V-Modell etwas anders benannt (es gibt dazu keine Korrelationstabelle). **N** P L F **GP 3.1.4 Identify the required infrastructure and work environment for performing the standard process.** Infrastruktur (Umgebung und Tools) ist nicht definiert; es gibt im VModell97 nur den Hinweis, dass sich der PM um die Infrastruktur zu kümmern hat.

Tab. 11: *Begründung der Bewertungen – Anforderungsmanagement: Prozessinstanz ABC-Ausfuhr (Fortsetzung)*

	N **P** L F **GP 3.1.5 Determine suitable methods to monitor the effectiveness and suitability of the standard process.** Es sind keine Prozessziele bzw. Prozesskennzahlen definiert. Es wurde aber ein internes Audit auch zum Anforderungsmanagement durchgeführt (Bericht: 2006-01).
PA3.2	**PA 3.2 Process deployment attribute** Das Attribut „Prozessentwicklung“ ist ein Maß dafür, inwieweit ein Standardprozess wirksam als definierter Prozess eingesetzt wird, um die Prozessergebnisse zu erzielen.
L (56 %)	**N** P L F **GP 3.2.1 Deploy a defined process that satisfies the context specific requirements of the use of the standard process.** Vorgehensweise ist im PHB zu der Arbeitsgruppe, die das Anforderungsmanagement durchführt, definiert, dies definiert aber nicht die Schritte (wie im QMH angeführt) des Anforderungsmanagements; d. h., es ist nicht klar definiert, in welcher Form der Standardprozess im Projekt angewendet wird. N **P** L F **GP 3.2.3 Ensure necessary competencies for performing the defined process.** Es gibt keinen Nachweis über den Vergleich/Abgleich zwischen vorhandenen Skills von Mitarbeitern und den *skill needs* von in der Prozessanwendung im Projekt benötigten Rollen (z. B. in Form einer Skillmatrix). **N** P L F **GP 3.2.6 Collect and analyse data about performance of the process to demonstrate its suitability and effectiveness**. Es gibt keine Prozesskennzahlen, daher auch keine Daten.

Tab. 11: *Begründung der Bewertungen – Anforderungsmanagement: Prozessinstanz ABC-Ausfuhr (Fortsetzung)*

PA1.1	**PA 1.1 Process performance attribute** Das Attribut „Prozessdurchführung“ ist ein Maß dafür, inwieweit der Prozesszweck erreicht wird.
F (100 %)	–
PA2.1	**PA 2.1 Performance management attribute** Das Attribut „Management der Prozessdurchführung“ ist ein Maß dafür, inwieweit die Prozessdurchführung gemanagt wird.
F (100 %)	–
PA2.2.	**PA 2.2 Work product management attribute** Das Attribut „Verwalten der Arbeitsprodukte“ ist ein Maß dafür, in welchem Ausmaß die erstellten Arbeitsprodukte des Prozesses gelenkt werden.
F (100 %)	–
PA3.1	**PA 3.1 Process definition attribute** Das Attribut „Prozessdefinition“ ist ein Maß dafür, inwieweit ein Standardprozess gepflegt wird, um den Einsatz eines definierten Prozesses zu unterstützen.
N (13 %)	N P L F **GP 3.1.1 Define the standard process that will support the deployment of the defined process.** Es gibt keinen eigenen Prozess für das Problemmanagement; jedoch ist die Vorgehensweise zur Implementierung von dadurch verursachten Änderungen in der VA „Richtlinie Konfigurationsmanagement“ (QM-System R-01, Vers. 2.3). Es gibt auch keine Anpassungsrichtlinien.

Tab. 12: *Begründung der Bewertungen – Problemmanagement: Prozessinstanz ABC-Einfuhr und -Ausfuhr*

Aber es gibt eine standardisierte Mängelliste (wird in der Phase Verifizierung aufgerufen). Im Template Testplan (QM-System, D-06.17, Vers. 2.1) gibt es das Kapitel „Freigabebedingungen“, darin gibt es drei Fehlerklassen. In der Methode „techn. Review“ (QM-System, M-01, Vers. 2.1) gibt es in der Befundliste eine Klassifizierung von Fehlern. Es gibt eine Mängelliste (QM-System D-06.15, Vers. 2.2) für Fehler, die beim Testen auftreten, und eine Befundliste (QM-System D-06.01, Vers. 2.2) für Mängel, die im Review entdeckt werden. In der Testspezifikation (QM-System D-06.04, Vers. 2.3) gibt es auch eine Tabelle zur Fehlererfassung.

N **P** L F **GP 3.1.2 Determine the sequence and interaction between processes so that they work as an integrated system of processes.**
Es gibt eine Einbettung des Prozesses in das Review und das Testen, jedoch durch Fehlen des standardisierten Prozesses „ÄKD-/Bugfixverfahren“ gibt es auch keine klare Einbettung dieses in eine Prozesslandschaft.

N P L F **GP 3.1.3 Identify the roles and competencies for performing the standard process.**
Es sind keine Rollen dazu definiert. Es gibt im Reviewprozess Rollen (Beschreibung eher in Form des Zwecks).

N P L F **GP 3.1.4 Identify the required infrastructure and work environment for performing the standard process.**
Infrastruktur (Umgebung und Tools) ist nicht definiert; es gibt im VModell97 nur den Hinweis, dass sich der PM um die Infrastruktur zu kümmern hat.

Tab. 12: *Begründung der Bewertungen – Problemmanagement: Prozessinstanz ABC-Einfuhr und -Ausfuhr (Fortsetzung)*

	[**N** P L F] **GP 3.1.5 Determine suitable methods to monitor the effectiveness and suitability of the standard process.** Es sind keine Prozessziele und Prozesskennzahlen definiert. Keine internen Audits dazu, da der Prozess ja nicht im System als solcher definiert ist.
PA3.2	**PA 3.2 Process deployment attribute** Das Attribut „Prozessentwicklung" ist ein Maß dafür, inwieweit ein Standardprozess wirksam als definierter Prozess eingesetzt wird, um die Prozessergebnisse zu erzielen.
L (72 %)	[N **P** L F] **GP 3.2.1 Deploy a defined process that satisfies the context specific requirements of the use of the standard process.** Schnittstelle ÄKD Fehlermanagement (Doc 660Q, Vers. 1.5). Dieser in den Projekten ABC-Einfuhr und -Ausfuhr angewendete Prozess wird laut Auskunft der Assessierten standardisiert, leitet sich jedoch zurzeit nicht von einem Standardprozess ab. Es gibt eine Beschreibung zum Tool-Einsatz (Remedy). [N **P** L F] **GP 3.2.3 Ensure necessary competencies for performing the defined process.** Es gibt keinen Nachweis über den Vergleich/Abgleich zwischen vorhandenen Skills von Mitarbeitern und den *skill needs* von in der Prozessanwendung im Projekt benötigten Rollen (z. B. in Form einer Skillmatrix). [N P **L** F] **GP 3.2.6 Collect and analyse data about performance of the process to demonstrate its suitability and effectiveness.** Es gibt Laufzeitreports über den Life Cycle des Problemtickets; diese könnten in eine Prozesskennzahl münden und diese könnte dann standardisiert werden.

Tab. 12: *Begründung der Bewertungen – Problemmanagement: Prozessinstanz ABC-Einfuhr und -Ausfuhr (Fortsetzung)*